U0261964

Adobe Photoshop 2023
基础教材

火星时代　主编　　邓爱花　编著

人民邮电出版社
北京

图书在版编目（CIP）数据

Adobe Photoshop 2023基础教材 / 火星时代主编；
邓爱花编著. -- 北京：人民邮电出版社，2025.1
ISBN 978-7-115-63517-4

Ⅰ．①A… Ⅱ．①火… ②邓… Ⅲ．①图像处理软件—
教材 Ⅳ．①TP391.413

中国国家版本馆CIP数据核字(2024)第007639号

内 容 提 要

本书是 Adobe Photoshop 2023 的基础教材，主要内容包括 Photoshop 的作用、Photoshop 的基础操作、图层的使用、选区工具、颜色填充、绘图工具、文字工具、蒙版的应用、图层的高级应用、图像的修饰、图像的调色、通道的应用、滤镜的应用、时间轴动画、动作与批处理等，并用实战案例进一步引导读者掌握软件的使用方法。

本书适合 Photoshop 的初级和中级用户学习，也适合作为高等院校相关专业的教材或辅导书。

◆ 主　　编　火星时代
　　编　　著　邓爱花
　　责任编辑　张天怡
　　责任印制　陈　犇
◆ 人民邮电出版社出版发行　　北京市丰台区成寿寺路 11 号
　　邮编　100164　　电子邮件　315@ptpress.com.cn
　　网址　https://www.ptpress.com.cn
　　北京瑞禾彩色印刷有限公司印刷
◆ 开本：787×1092　1/16
　　印张：14.5　　　　　　2025 年 1 月第 1 版
　　字数：312 千字　　　2025 年 1 月北京第 1 次印刷

定价：69.90 元

读者服务热线：(010)81055410　印装质量热线：(010)81055316
反盗版热线：(010)81055315
广告经营许可证：京东市监广登字 20170147 号

作者简介

邓爱花　平面设计师、UI设计师，专注于平面设计、版式设计、网页设计等领域，有10余年的设计工作经验，致力于推动火星时代教育互动媒体专业的发展，主要负责UI课程的案例研发。

序

随着移动互联网技术的快速发展，数字艺术为电商、短视频、应用软件开发等新兴领域的飞速发展提供了前所未有的强大助力。以数字技术为载体的数字艺术行业在全球范围内呈现出高速发展的态势，为我国文化产业的繁荣发展贡献了巨大力量。在经济全球化、新媒体融合、5G产业即将迎来大爆发的背景下，数字艺术还会迎来新一轮的飞速发展。

行业的高速发展需要持续不断地注入"新鲜血液"。因此，我们要不断推进数字艺术相关行业职教体系的发展和进步，培养更多能够适应未来数字艺术产业发展需要的技能型人才。在这方面，北京火星时代科技有限公司（简称火星时代）积累了丰富的经验。作为我国较早进入数字艺术领域的教育机构，自1994年创立"火星人"品牌以来，火星时代一直秉承"分享"的理念，毫无保留地将最新的数字技术分享给更多的从业者和学生，取得了显著的数字艺术教育成果。30年来，火星时代一直专注于数字技能型人才的培养，"分享"也成为我们坚持的理念。现在，我们每年都会为行业输送数以万计的优秀技能型人才，教学成果、教材和教学案例通过各种渠道辐射全国，很多艺术类院校和非艺术类院校相关专业使用火星时代编著的教材或提供的教学案例。

火星时代创立初期以图书研创为主营业务，在教材的选题策划、编写上自有一套成功的体系。从1994年第一本图书《三维动画速成》出版至今，火星时代已有超过100种图书公开出版，累计销量逾千万册。在纸质图书出版市场风云变幻的发展历程中，火星时代的教学团队从未中断过在图书出版方面的探索和研究。

"教育"和"数字艺术"是火星时代获得长足发展的两大关键词。教育具有前瞻性和预见性，数字艺术又因与计算机技术的发展息息相关，一直都处在时代的前沿。在这样的环境中，"居安思危、不进则退"成为火星时代的座右铭。我们从未停止过对行业的密切关注，尤其重视由技术革新带来的人才需求的变化。2020年上半年，通过对上万家合作企业和几百所合作院校的需求调研，我们发现，对新版本软件的熟练使用是人才供需双方诉求的最佳结合点之一。因此，我们选择了目前行业需求最急迫、使用最多、版本最新的几大软件，发动具备行业一线水准的火星时代精英讲师，精心编写了基于软件实用功能的系列图书。该系列图书不仅覆盖软件操作的核心知识点，还创新性地搭配了按照课和节来划分的教学视频、课件PPT、教学大纲、设计资源及课后练习题，非常适合零基础读者。同时，该系列图书还能够很好地满足各类高等院校的视觉、设计、媒体、园艺、工程、美术、摄影、编导等专业的授课需求。

学生学习数字艺术的过程就是"攀爬金字塔"的过程，要从基础理论、软件学习、商业项目实战、专业知识的横向扩展和融会贯通，一步步地进阶到"金字塔尖"。火星时代在艺术职业教育领域经过30年的发展，已经创造出一套完整的教学体系，帮助学生在成长中的每个阶段完成挑战，顺利进入下一阶段。我们出版图书的目的也是如此。在这里也由衷地感谢人民邮电出版社和Adobe中国授权培训中心的大力支持。

美国心理学家、教育家本杰明·布卢姆（Benjamin Bloom）曾说过："学习的最大动力，是对学习材料的兴趣。"希望这套浓缩了我们多年教育精华的图书，能给您带来好的学习体验！

王琦

火星时代教育创始人、校长

前　言

Photoshop是Adobe公司推出的一款图像处理软件。摄影师可以用Photoshop对照片进行调色、修复、人物皮肤和形体的美化等；平面设计师可以用Photoshop设计海报、广告等视觉作品；插画师可以用Photoshop进行数字绘画；网页设计师可以用Photoshop绘制图形、设计图标、设计网页等。Photoshop拥有强大的图层、选区、蒙版、通道等功能，可以用来完成专业的调色、修图、合成、音频视频组合等工作，创作出震撼人心的视觉效果。

本书是基于Photoshop 2023编写的，建议读者使用该版本软件。如果读者使用的是其他版本的Photoshop，软件界面可能有所不同，但可基本正常学习本书内容。

本书共有16课。具体内容如下。

第1课通过多个示例作品讲解Photoshop能用来做什么、位图和矢量图的区别、Photoshop的下载、高效学习Photoshop的方法。

第2课先介绍用户界面，再讲解图像的视图操作，文件的打开、新建、保存和关闭等基本操作，更改图像尺寸等常用操作。

第3课讲解图层的基本操作、图层间的关系、图像的自由变换，以及合并与盖印图层。

第4课讲解选区的基础知识、选框工具组、套索工具组、魔棒工具组、选择并遮住（调整边缘）、存储选区和载入选区，并通过综合案例帮助读者巩固所学内容。

第5课讲解纯色填充、渐变填充、图案填充、锁定透明像素填充颜色，并通过综合案例帮助读者巩固所学内容。

第6课讲解形状工具组、钢笔工具组、画笔工具、橡皮擦工具组，并通过综合案例帮助读者巩固工具的操作要点。

第7课讲解点文本、段落文本、路径文本、区域文本，以及将文字转换成形状的操作方法，并通过综合案例帮助读者巩固文字排版的具体操作方法。

第8课讲解快速蒙版、图层蒙版、管理图层蒙版、剪贴蒙版，以及图框工具的使用方法，并通过综合案例帮助读者巩固所学内容。

第9课讲解图层混合模式和图层样式，并通过综合案例帮助读者巩固所学内容。

第10课讲解修复工具组、图章工具组、内容识别填充，以及减淡工具和加深工具的使用方法，并通过综合案例帮助读者巩固所学知识。

第11课讲解图像的颜色模式的相关知识，以及主要的调色方法，并通过综合案例帮助读者巩固所学知识。

第12课讲解通道的基础知识，以及使用通道抠图的方法，并通过综合案例帮助读者巩固通道知识。

第13课讲解滤镜库与智能滤镜的使用方法，以及常用滤镜的使用方法，并通过综合案例帮助读者巩固滤镜的知识。

第14课讲解时间轴的使用方法，并通过动画制作案例帮助读者巩固所学知识。

第15课通过实际案例讲解动作的创建与编辑，以及批处理的操作。

第16课通过案例讲解海报设计和字体设计。

本书内容循序渐进、理论与应用并重，能够帮助读者实现入门和进阶。

本书针对调色、修图、合成、图形设计、文字设计、数字绘画等具体的图像处理工作，先讲解相关工具的使用方法，再通过案例加深读者的理解，让读者真正做到活学活用。

本书附赠资源包括讲义、案例素材文件。关注"人邮科普"公众号，回复"63517"，即可下载相关资源。

学习本书后，读者不仅可以熟练地使用Photoshop，还可以对调色、修图、合成、图形设计、文字设计、数字绘画等工作有更深入的理解。

邓爱花

课程名称	Adobe Photoshop 2023基础教材		
教学目标	使学生掌握 Photoshop 的使用方法，并能够使用 Photoshop 创作出简单的海报作品		
总课时	66	总周数	16
课时安排			
周次	建议课时	教学内容	
1	4	走进实用的 Photoshop 世界（本书第1课）	
2	4	熟悉 Photoshop 的基础操作（本书第2课）	
3	4	图层的使用（本书第3课）	
4	4	选区工具（本书第4课）	
5	4	颜色填充（本书第5课）	
6	6	绘图工具（本书第6课）	
7	4	文字工具（本书第7课）	
8	4	蒙版的应用（本书第8课）	
9	4	图层的高级应用（本书第9课）	
10	4	图像的修饰（本书第10课）	
11	4	图像的调色（本书第11课）	
12	4	通道的应用（本书第12课）	
13	4	滤镜的应用（本书第13课）	
14	4	时间轴动画（本书第14课）	
15	4	动作与批处理（本书第15课）	
16	4	实战案例（本书第16课）	

本书导读

本书以课、节、知识点、综合案例和本课练习题的形式对内容进行划分。

课 每课将讲解具体的功能或项目。

节 将每课的内容划分为几个学习任务。

知识点 将每节的基础理论知识分为若干知识点进行讲解。

综合案例 用具体案例帮助读者对所学知识进行巩固。

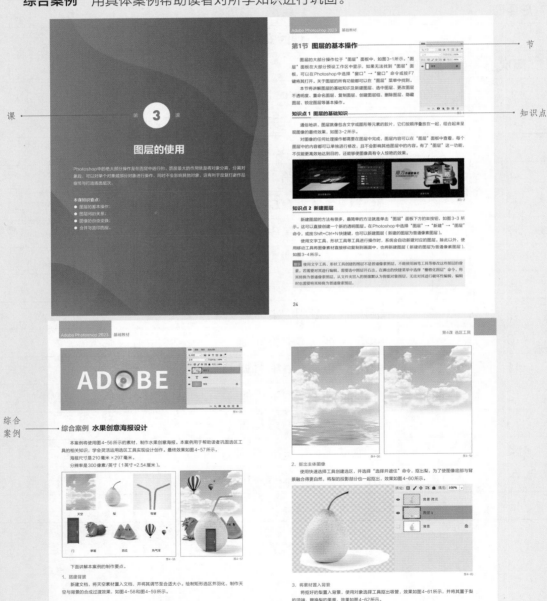

本课练习题 每课（除第1课）课后均配有与该课内容紧密相关的练习题，包含选择题、判断题、操作题等。操作题均提供详细的素材和要求，以及相应的操作提示，用于帮助读者检验自己是否能够灵活运用所学知识。

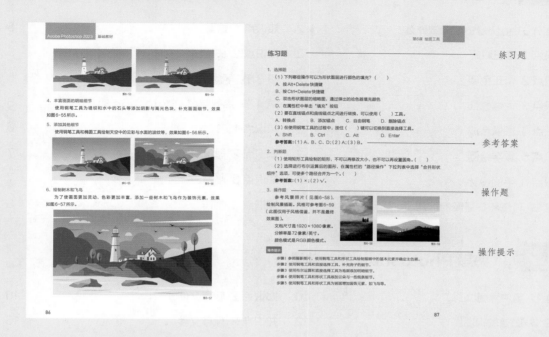

软件版本及操作系统

本书使用的软件是Photoshop 2023，操作系统为Windows。Photoshop 2023在Windows系统与macOS中的操作方式相同。

资源获取

本书附赠资源包括所有案例的素材文件和结果文件等。扫描右方二维码，关注微信公众号"人邮科普"，并回复"63517"，即可获得本书资源。

人邮科普

目 录

第 1 课　走进实用的 Photoshop 世界

第 1 节 Photoshop 能做什么　　2　　知识点 1 位图　　5

知识点 1 修正瑕疵　　2　　知识点 2 矢量图　　5

知识点 2 修正色调　　2　　第 3 节 下载 Photoshop　　5

知识点 3 人像修饰　　2　　第 4 节 高效学习 Photoshop 的方法　　6

知识点 4 图像合成　　3　　知识点 1 看　　6

知识点 5 数字绘画　　3　　知识点 2 思考　　7

知识点 6 平面设计　　3　　知识点 3 临摹　　7

第 2 节 位图和矢量图的区别　　5　　知识点 4 创作　　8

第 2 课　熟悉 Photoshop 的基础操作

第 1 节 用户界面　　10　　知识点 2 新建文件　　16

第 2 节 图像的视图操作　　12　　知识点 3 保存文件　　16

知识点 1 移动视图　　12　　知识点 4 关闭文件　　17

知识点 2 缩放视图　　12　　第 4 节 更改图像尺寸　　18

知识点 3 旋转视图　　13　　知识点 1 更改图像大小　　18

知识点 4 标尺工具　　13　　知识点 2 更改画布大小　　18

知识点 5 参考线　　14　　知识点 3 裁剪工具　　19

第 3 节 文件的基本操作　　14　　练习题　　21

知识点 1 打开文件　　14

第 3 课　图层的使用

第 1 节 图层的基本操作　　24　　知识点 5 重命名图层　　26

知识点 1 图层的基础知识　　24　　知识点 6 复制图层　　27

知识点 2 新建图层　　24　　知识点 7 创建图层组　　27

知识点 3 选中图层　　25　　知识点 8 删除图层　　28

知识点 4 更改图层不透明度　　26　　知识点 9 隐藏图层　　28

知识点 10 锁定图层	29		知识点 3 变形	33
第 2 节 图层间的关系	29		知识点 4 变换复制	34
知识点 1 图层的上下关系	29		知识点 5 翻转	35
知识点 2 图层的对齐和分布关系	30		知识点 6 透视变形	35
第 3 节 图像的自由变换	31		知识点 7 内容识别缩放	36
知识点 1 自由变换的基本操作	31		第 4 节 合并与盖印图层	37
知识点 2 透视	32		练习题	38

第 4 课　选区工具

第 1 节 认识选区	40		知识点 2 多边形套索工具	46
知识点 1 选区的表现形式	40		知识点 3 磁性套索工具	47
知识点 2 选区的保护功能	40		第 4 节 魔棒工具组	47
知识点 3 移动选区	40		知识点 1 对象选择工具	48
知识点 4 选区内图像的移动	41		知识点 2 快速选择工具	49
第 2 节 选框工具组	42		知识点 3 魔棒工具	49
知识点 1 使用选框工具绘制选区	42		第 5 节 选择并遮住（调整边缘）	50
知识点 2 选区的基本操作	43		第 6 节 存储选区和载入选区	52
知识点 3 选区的布尔运算	43		知识点 1 存储选区	52
知识点 4 选区的调整	45		知识点 2 载入选区	53
第 3 节 套索工具组	46		综合案例 水果创意海报设计	54
知识点 1 套索工具	46		练习题	57

第 5 课　颜色填充

第 1 节 纯色填充	60		知识点 3 其他渐变属性的设置	62
知识点 1 颜色设置	60		第 3 节 图案填充	63
知识点 2 颜色填充	60		第 4 节 锁定透明像素填充颜色	64
第 2 节 渐变填充	60		综合案例 时尚潮流海报设计	65
知识点 1 渐变色的编辑	61		练习题	68
知识点 2 渐变填充样式	62			

第 6 课 绘图工具

第 1 节 形状工具组　　　　　　　70
知识点 1 矩形工具　　　　　　　70
知识点 2 椭圆工具　　　　　　　72
知识点 3 三角形工具　　　　　　72
知识点 4 多边形工具　　　　　　72
知识点 5 直线工具　　　　　　　73
知识点 6 自定义形状工具　　　　73
知识点 7 编辑形状　　　　　　　73
案例 绘制孟菲斯风格背景　　　　74
第 2 节 钢笔工具组　　　　　　　76
知识点 1 钢笔工具的基本操作　　76
知识点 2 自由钢笔工具的基本操作　77
知识点 3 弯度钢笔工具的基本操作　78

知识点 4 使用钢笔工具抠图　　　78
案例 绘制卡通人物　　　　　　　78
第 3 节 画笔工具　　　　　　　　79
知识点 1 画笔工具的基本设置　　79
知识点 2 "画笔设置"面板　　　　80
知识点 3 使用画笔工具描边路径　82
第 4 节 橡皮擦工具组　　　　　　83
知识点 1 橡皮擦工具　　　　　　84
知识点 2 背景橡皮擦工具　　　　84
知识点 3 魔术橡皮擦工具　　　　84
综合案例 风景插画绘制　　　　　85
练习题　　　　　　　　　　　　　87

第 7 课 文字工具

第 1 节 点文本　　　　　　　　　89
知识点 1 点文本的输入与编辑　　89
知识点 2 "字符"面板　　　　　　90
知识点 3 文字蒙版工具　　　　　91
第 2 节 段落文本　　　　　　　　92
知识点 1 段落文本的输入与编辑　92
知识点 2 "段落"面板　　　　　　92

第 3 节 路径文本　　　　　　　　93
知识点 1 创建路径文本　　　　　93
知识点 2 调整路径文本　　　　　94
第 4 节 区域文本　　　　　　　　94
第 5 节 将文字转换成形状　　　　95
综合案例 文字海报设计　　　　　95
练习题　　　　　　　　　　　　　98

第 8 课 蒙版的应用

第 1 节 快速蒙版　　　　　　　　100
第 2 节 图层蒙版　　　　　　　　101
第 3 节 管理图层蒙版　　　　　　101

知识点 1 编辑图层蒙版　　　　　102
知识点 2 移动图层蒙版　　　　　104
知识点 3 停用 / 启用图层蒙版　　104

知识点 4 进入图层蒙版   105   第 5 节 图框工具   106

知识点 5 应用图层蒙版   105   综合案例 合成海报设计   108

知识点 6 删除图层蒙版   105   练习题   110

第 4 节 剪贴蒙版   105

第 9 课　图层的高级应用

第 1 节 图层混合模式   113   知识点 3 渐变叠加   118

知识点 1 溶解   113   知识点 4 内发光   119

知识点 2 正片叠底   113   知识点 5 内阴影   119

知识点 3 滤色   114   知识点 6 描边   120

知识点 4 叠加   114   知识点 7 斜面和浮雕   120

知识点 5 柔光   114   知识点 8 编辑图层样式   122

第 2 节 图层样式   115   综合案例 "城市拾荒者"电影海报设计   124

知识点 1 投影   116   练习题   127

知识点 2 外发光   117

第 10 课　图像的修饰

第 1 节 修复工具组   129   知识点 2 图案图章工具   132

知识点 1 污点修复画笔工具   129   **第 3 节 内容识别填充**   133

知识点 2 修复画笔工具   130   **第 4 节 减淡工具和加深工具**   134

知识点 3 修补工具   130   知识点 1 减淡工具   134

知识点 4 内容感知移动工具   131   知识点 2 加深工具   134

第 2 节 图章工具组   132   综合案例 护肤品海报设计   135

知识点 1 仿制图章工具   132   练习题   138

第 11 课　图像的调色

第 1 节 图像的颜色模式   140   知识点 2 灰度模式   140

知识点 1 位图模式   140   知识点 3 索引颜色模式   141

知识点 4 RGB 颜色模式　141
知识点 5 CMYK 颜色模式　142
第 2 节 调色　142
知识点 1 色阶　142
知识点 2 曲线　143

知识点 3 色相 / 饱和度　144
知识点 4 色彩平衡　146
知识点 5 创建调整图层　147
综合案例 合成图像调色　150
练习题　154

第 12 课　通道的应用

第 1 节 通道　157
知识点 1 通道的类型　157
知识点 2 "通道" 面板　158
知识点 3 复制和删除通道　159
第 2 节 通道抠图　159

知识点 1 通道与色彩　159
知识点 2 通道与选区　160
知识点 3 通道抠图的应用　161
综合案例 "我的青春范" 海报设计　163
练习题　165

第 13 课　滤镜的应用

第 1 节 滤镜库和智能滤镜　168
知识点 1 滤镜库　168
知识点 2 智能滤镜　169
第 2 节 常用滤镜　169
知识点 1 液化滤镜　170
知识点 2 风滤镜　171
知识点 3 动感模糊和高斯模糊滤镜　172

知识点 4 彩色半调滤镜　173
知识点 5 晶格化滤镜　174
知识点 6 镜头光晕滤镜　175
知识点 7 添加杂色滤镜　176
知识点 8 高反差保留滤镜　177
综合案例 "爱生活、做自己" 人物海报设计　177
练习题　180

第 14 课　时间轴动画

第 1 节 时间轴　182
知识点 1 帧动画　182
知识点 2 时间轴动画　185

第 2 节 动画制作案例　188
练习题　190

第 **15** 课 **动作与批处理**

第 1 节 动作的创建与编辑　　192　　练习题　　195

第 2 节 批处理的操作　　193

第 **16** 课 **实战案例**

第 1 节 海报设计　　197　　知识点 1 字体设计方法　　205

知识点 1 创意思路　　197　　知识点 2 字体设计案例　　206

知识点 2 操作过程演示　　198　　练习题　　214

第 2 节 字体设计　　205

第 **1** 课

走进实用的Photoshop世界

通过本课的学习，读者可以了解Photoshop的应用领域。本课通过多个精彩示例向读者展示Photoshop在修正瑕疵、修正色调、人像修饰、图像合成、数字绘画、平面设计等方面的强大实力，并将Photoshop的学习方法概括为"看、思考、临摹、创作"4个步骤，帮助读者提升学习效率。在正式开始讲解软件操作前，本课还将指导读者下载软件。

本课知识要点：

- Photoshop能做什么；
- 位图和矢量图的区别；
- 下载Photoshop；
- 高效学习Photoshop的方法。

第1节　Photoshop能做什么

　　Photoshop是一款强大的图像处理软件。那么，使用Photoshop具体可以做些什么？下面就来详细地看一看。

知识点 1　修正瑕疵

　　如果图片存在一些污点或不美观的地方，可以使用Photoshop中的污点修复画笔工具等来修复，如图1-1所示。

图1-1

知识点 2　修正色调

　　拍摄的图片素材因光线不足等问题显得灰暗，这时候该怎么办呢？使用Photoshop强大的调色功能，可以调整图片的明暗对比效果，让图片显得更鲜艳，如图1-2所示。

图1-2

知识点 3　人像修饰

　　Photoshop 最为人所知的功能之一就是人像修饰。使用Photoshop可以轻松提升人物的"颜值"。无论是塑造完美的脸庞，还是打造细腻、光滑的皮肤，使用Photoshop都可以轻松完成，如图1-3所示。

图1-3

知识点 4 图像合成

设计师可以通过运用Photoshop中的抠图、调色、修图等功能，基于多张图像合成出梦幻的效果，如图1-4 所示。

知识点 5 数字绘画

使用Photoshop进行数字绘画，可以轻松地调整画面、给画面增加纹理细节，或将真实的风景图像通过Photoshop的矢量工具，绘制成精美的插画作品，如图1-5 所示。

知识点 6 平面设计

除了个人爱好之外，Photoshop 还可以作为人们工作中的好帮手。使用Photoshop 可以将文字和图像进行结合，创作出海报、Banner（主要指网页导航图）等平面设计作品，如图1-6 所示。

图1-4 图1-5

图1-6

第2节 位图和矢量图的区别

计算机图像的基本类型是数字图像，它是以数字方式记录、处理和保存的图像文件。根据图像生成的方式，可以将图像分为位图和矢量图两种类型。

知识点 1 位图

位图也被称为像素图或点阵图，当将位图放大到一定程度时，可以看到位图是由一个个小方格组成的，这些小方格就是像素。像素是位图中最小的组成元素。位图的大小和质量由像素的多少决定，像素越多，位图越清晰，颜色之间的过渡也越平滑，如图1-7所示。位图的主要优点是表现力强、层次多、

图1-7

细腻、细节丰富。位图可以通过扫描仪和数码相机获得，同时Photoshop是生成位图的常用软件。

知识点 2 矢量图

矢量图由点、线、面等元素组成，记录的是对象的几何形状、线条粗细和色彩属性等。矢量图的主要优点是不受分辨率影响，无论如何缩放都不会改变其清晰度和光滑度，如图1-8所示。矢量图只能通过CorelDRAW、Illustrator等矢量软件生成。

图1-8

第3节 下载Photoshop

在正式学习Photoshop操作前，需要下载软件，接下来一起了解一下如何下载Photoshop。

Photoshop几乎每年都会进行一次版本的更新与迭代，更新的内容包括部分功能的优化和调整，以及增加一些新功能等。因此，建议下载较新版本的Photoshop，这样可以体验更多新技术和新功能。

本书基于Photoshop 2023进行讲解，建议读者下载相同的版本进行同步练习。

下载Photoshop的方法很简单。登录图1-9所示的Adobe官方网站，找到Photoshop，就可以下载。

下载软件后，根据安装文件的提示，一步一步地进行软件安装即可。

图1-9

第4节 高效学习Photoshop的方法

　　Photoshop 的功能非常强大，能帮助设计师创作出不同风格的图像和设计作品。不过一些初学者会因为 Photoshop 的强大而犹豫，担心 Photoshop 学起来会很困难。只要掌握正确的方法，Photoshop 学起来就不难。

　　Photoshop 只是一个实现想法、创意的工具，学会工具的使用方法并不困难，只需要反复练习就可以了。但是，学会使用Photoshop后，很多人依然做不出好看的作品——这就是学习 Photoshop 的难点所在。

　　那么，如何提升创作作品的能力呢？

　　只需要坚持图1-10所示的看、思考、临摹、创作 4 个步骤的循环练习就可以了。

图1-10

知识点 1 看

　　"看"就是看大量优秀的作品。去哪里看？在图1-11 所示的站酷、花瓣、追波等设计网站上可以轻松地找到优秀的作品。

在这一步中,练习的关键词是"大量"。因为人的审美会被平时所看的东西影响,所以只有看过大量美的东西,审美才会得到提升。看作品时不要只关注自己感兴趣的领域,而要看各种各样优秀的作品,如图1-12所示。

图1-11

图1-12

知识点 2 思考

"思考"就是看到一幅好的作品时,研究它究竟好在哪里。当看到好的作品时,不仅可以分析作品的构图、色彩搭配等,还可以对设计的细节进行分析。如果看到图1-13,可以分析其在文字方面的设计,可以思考它背后的创意,还可以检查作品的抠图、修图细节是否做得足够好。在分析作品的同时,还需要思考自己还有哪些地方需要提升。

知识点 3 临摹

"临摹"就是动手将好的作品还原出来。在刚开始临摹的时候,有人可能会苦恼于找不到好的素材。针对这个问题,可以先在图1-14 所示的虎课网、腾讯课堂、火星网校等网络学习平台进行案例课程的学习。这些平台的案例课程会同步发布素材文件,使用这些素材文件就可以开始临摹练习了。

等掌握了找素材的方法后,看到好的作品就可以进行二次设计了。在临摹的过程中,不仅可以练习软件操作,还可以对设计理论有更深的理解。只有有了量的积累,才会有质的飞跃。

图1-13　　　　　　　　　　　　　　　　　　　　　　图1-14

知识点 4　创作

　　"创作"是验证设计能力的最佳方式，但初学者参与创作实战的机会并不很多。这时参加网上的设计比赛是初学者锻炼实操能力的好选择，一般设计类的比赛可以在图1-15所示的站酷网、UI中国等设计网站上报名参加。这些商业比赛是网站与企业联合举办的，通常有特定的主题和宣传的需求，与真实的项目需求非常接近。

图1-15

　　当软件操作熟练后，还可以在图1-16 所示的猪八戒网、68Design等网站接单，做真实的项目。

图1-16

第 **2** 课

熟悉Photoshop的基础操作

随着Photoshop版本的不断升级，Photoshop的界面布局更加合理和人性化。启动Photoshop 2023后，首先映入眼帘的是主页界面，其中除了"新建"和"打开"按钮，还有"开始学习教程"按钮和右侧的"浏览教程"按钮，可以帮助用户了解软件的一些常规操作方法，如图2-1所示。

图2-1

本课主要讲解Photoshop 2023的工作界面，以及视图、文件的基本操作。掌握这些基本操作后，读者能够进一步学习Photoshop的使用方法与技巧。

本课知识要点：

- 用户界面；
- 图像的视图操作；
- 文件的基本操作；
- 更改图像尺寸。

第1节 用户界面

新建文件或者打开文件后，就可以看到Photoshop的用户界面了。Photoshop 2023的工作界面较之前版本的工作界面没有太大变化，保留了常用组件，包含菜单栏、属性栏、工具箱（也称工具栏）、工作区和面板区等，如图2-2所示。

图2-2

菜单栏位于工作界面的最上方，包含了Photoshop的所有功能。用户可通过选择各菜单中的命令来完成各种操作和设置。

打开一个文件以后，系统会自动创建一个标题栏，标题栏中会显示该文件的名称、格式、缩放比例和颜色模式等信息。

工具箱默认位于用户界面左侧，包含了Photoshop中常用的工具。部分工具按钮的右下角带有一个黑色小三角形 ▪ 标记，表示这是一个工具组，将鼠标指针移到工具按钮上，右击可显示隐藏的工具。图2-3所示为本书主要讲解的工具及其快捷键。在选择工具箱中的工具后，一般需要在工作区中进行操作。

提示 Photoshop 2023的魔棒工具组中不仅增加了对象选择工具 ▣，还增加了用于绘制占位符的图框工具 ▨，其具体使用方法会在后面详细讲解。

在工具箱中选择任意工具后，位于菜单栏下方的属性栏中将显示当前工具的相应属性和参数，用户可对其进行更改和设置，如图2-4所示。

面板区位于用户界面的右侧，在初始状态下，面板区一般会显示"颜色""属性""图层"等常用面板，用来配合图像的编辑、控制操作和设置参数等。单击"窗口"菜单，在展开的菜单中可以选择要显示在面板区中的面板。

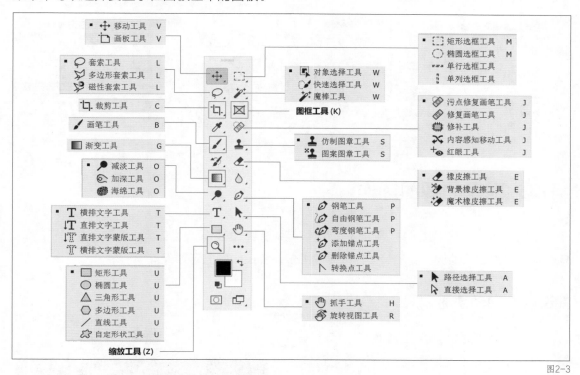

图2-3

图2-4

　　状态栏位于用户界面的底部，可以显示
当前文档的大小、尺寸、缩放比例等信息。
单击状态栏中的 按钮，可以设置要显示的
内容，如图2-5所示。

> 提示 在进行一些操作时，部分面板几乎是用不
> 到的，而用户界面中存在过多的面板会占用较
> 多的操作空间，从而影响工作效率。因此，可
> 自定义一个适合自己的工作区，以匹配个人操
> 作习惯。

　　在Photoshop中，先选择"窗口"→
"工作区"→"新建工作区"命令，如图2-6
所示，然后在弹出的对话框中为工作区设置
一个名称，单击"存储"按钮即可将当前工
作区保存下来，如图2-7所示。另外，也可
根据工作内容从默认工作区中选择一个工作区。

图2-5

　　如果工作区中的面板摆放凌乱或被误关闭了，选择"窗口"→"工作区"→"复位我的工

11

作区"命令即可恢复面板设置，如图2-8所示。

图2-6　　　　　　　　　图2-7　　　　　　　　　图2-8

第2节 图像的视图操作

在Photoshop 2023中打开图像文件时，系统会根据图像文件的大小自动调整显示比例。用户可通过移动、缩放和旋转等操作来修改图像在窗口中的显示效果。

知识点 1 移动视图

使用工具箱中的抓手工具 可以移动画布，以改变图像在窗口中的显示位置。具体操作方法为选择工具箱中的抓手工具，将鼠标指针移动到图像窗口中，按住鼠标左键并拖曳图像至所需的显示位置，释放鼠标左键，如图2-9所示。

图2-9

提示 在选择任意工具的状态下按住空格键可快速切换为抓手工具，以便进行图像的移动。注意，当画布的显示范围小于图像时，抓手工具无效。

知识点 2 缩放视图

在编辑图像的过程中，需要随时查看图像细节，以便进行更准确的编辑。

选择工具箱中的缩放工具 ，直接在画布上单击或在想要放大的位置按住鼠标左键向上拖曳，可以放大图像以查看图像细节。若想要缩小视图，可以按住Alt键，当鼠标指针上的加号变为减号 时单击画布。按Ctrl++快捷键可放大视图，按Ctrl+-快捷键可缩小视图。

在视图放大的情况下，如果想要快速浏览全图，可按Ctrl+0快捷键将图像按照屏幕大小进行缩放。如果想要查看图像的实际大小，可按Ctrl+1快捷键。

提示 在选择任意工具的状态下按住Alt键，向前滚动鼠标滚轮可放大视图，向后滚动鼠标滚轮可缩小视图。

知识点 3 旋转视图

使用旋转视图工具 🖐 可以对当前显示的图像进行任意角度的旋转。旋转视图工具不会破坏图像，可以帮助用户更好地编辑图像。旋转视图工具在抓手工具组中，右击，展开该工具组，选择旋转视图工具，将鼠标指针移动到图像窗口中，然后按住鼠标左键并拖曳即可顺时针或逆时针旋转图像，如图2-10所示。

> 提示 按Esc键可以快速将旋转后的视图恢复到初始状态。

图2-10

知识点 4 标尺工具

标尺工具在实际工作中经常用来定位图像或元素，从而帮助用户更精确地处理图像。

在Photoshop中，打开文件后，选择"视图"→"标尺"命令，图像窗口顶部和左侧会出现标尺。在默认情况下，标尺的原点位于图像的左上角，如图2-11所示。用户可以修改原点的位置。先将鼠标指针放置在标尺原点处，然后按住鼠标左键并拖曳，画面中会显示十字线，如图2-12所示，释放鼠标左键后，十字线的交点便成为新的原点，并且此时原点的数字也会发生变化。

图2-11   图2-12

将鼠标指针移到标尺上方，右击，可修改标尺的单位，如图2-13所示。

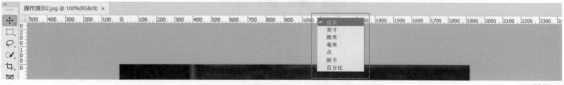

图2-13

> 提示 按Ctrl+R快捷键可以控制标尺的显示或隐藏。

知识点 5　参考线

　　参考线多用于固定图像位置和作为图像对齐的参考。在进行网页设计或排版时，可使用参考线进行区域的规划。

　　调出标尺后，将鼠标指针移到标尺上，按住鼠标左键并拖曳即可得到参考线。在水平和竖直方向上都可建立参考线，如图2-14所示。将鼠标指针移到参考线上，按住鼠标左键，拖曳参考线到标尺上可删除参考线，选择"视图"→"清除参考线"命令可删除所有参考线。

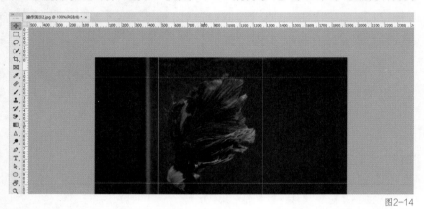

图2-14

　　提示　按Ctrl+;快捷键可隐藏或显示参考线。

第3节　文件的基本操作

　　在Photoshop中，文件的基本操作包括打开、新建、保存和关闭等，下面进行介绍。

知识点 1　打开文件

　　在Photoshop中打开文件的方法有很多种，这里对几种常用的打开文件的方法进行讲解。

1. 通过主界面打开文件

　　启动Photoshop后，在主界面可以通过单击"打开"按钮来打开文件，如图2-15所示。

图2-15

2．使用"打开"命令打开文件

在Photoshop中，选择"文件"→"打开"命令，或按Ctrl+O快捷键，然后在弹出的对话框中选择需要打开的文件，接着单击"打开"按钮或直接双击文件，都可以打开文件，如图2-16所示。

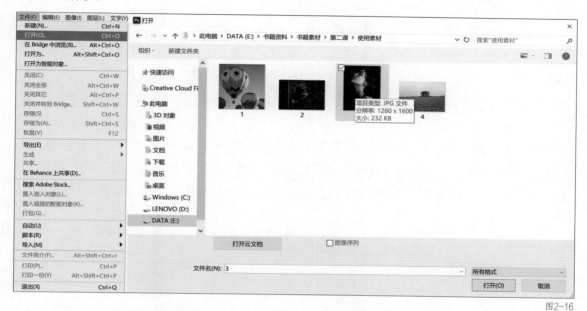

图2-16

3．使用"打开为智能对象"命令打开文件

智能对象是包含位图或矢量图的数据的图层，它将保留图像的源内容及其所有原始特性，因此无法对该图层进行破坏性编辑。在Photoshop中，选择"文件"→"打开为智能对象"命令，在弹出的对话框中选择一个文件，该文件将以智能对象的形式打开，如图2-17所示。

图2-17

4．使用"最近打开文件"命令打开文件

Photoshop可以保存最近使用过的文件的打开记录，在"文件"菜单的"最近打开文件"子菜单中可快速找到最近打开过的文件，单击文件名即可将其打开，如图2-18所示。选择该子菜单底部的"清除最近的文件列表"命令可以删除历史打开记录。

5．使用快捷方式打开文件

使用快捷方式打开文件的方法主要有以下两种。

● 选择一个需要打开的文件，并将其拖曳到Photoshop的应用程序图标上。

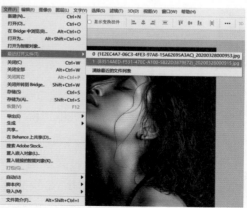

图2-18

● 如果Photoshop已经运行，直接将文件拖曳到标题栏上，即可以独立标题栏的形式打开文件。如果将文件拖曳到画布内，可在画布中以智能对象的形式打开文件。

知识点 2　新建文件

新建文件时可以设置文件名、宽度和高度、画布背景颜色等。

新建文件的方法如下：在Photoshop中，选择"文件"→"新建"命令，或按Ctrl+N快捷键，打开"新建文档"对话框，设置文件的名称等参数，单击"创建"按钮，如图2-19所示。在"新建文档"对话框中，首先需要对文件进行命名，然后需要设置作品的宽度和高度。在单位的选择上，如果作品是在屏幕上使用的，单位一般设置为像素，分辨率为72像素/英寸，颜色模式为RGB颜色，8位（常用大小为1920×1080像素）；如果作品是在印刷品上使用的，单位一般设置为毫米或厘米，分辨率为300像素/英寸，颜色模式为CMYK颜色，8位（常用尺寸为210毫米×297毫米）。在"新建文档"对话框中，还可以设置画布的背景颜色和方向等。

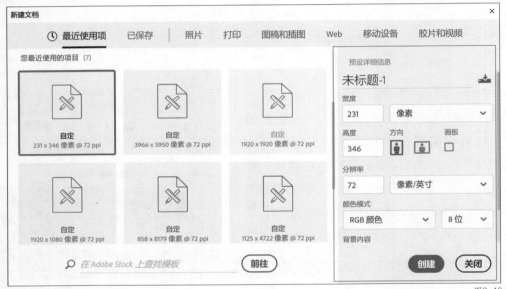

图2-19

提示　"新建文档"对话框左侧提供了各种规格的文件，可根据需要直接选择定义好的文件。

知识点 3　保存文件

在对文件进行编辑和处理的过程中，应养成及时保存的好习惯，以免在遇到计算机死机或停电等情况时出现不必要的麻烦。

处理完文件后，需要对文件进行保存。保存文件的操作是在Photoshop中选择"文件"→"存储"命令或按Ctrl+S快捷键。在弹出的"另存为"对话框中，可以设置文件名、存储位置和保存类型等，如图2-20所示。

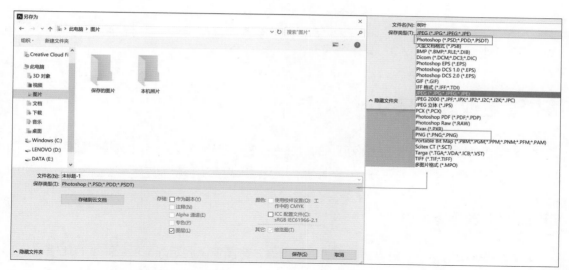

图2-20

　　保存文件时，需要养成良好的文件命名习惯，根据文件的内容或主题来命名，这样可以更好地对文件进行整理。

　　如果需要保存带图层的文件，可以将文件的保存类型设置为PSD；如果需要保存图像的透明背景，可以将文件的保存类型设置为PNG；如果只需要将文件保存为普通的位图，将文件的保存类型设置为JPG即可。在操作过程中，要养成随时保存的好习惯，经常按Ctrl+S快捷键保存文件，这样可以避免因遇到突发情况而丢失文件。

> **提示**　如果想保存副本文件，可选择"文件"→"存储为"命令，或按Shift+Ctrl+S快捷键，在弹出的"存储为"对话框中设置文件名、存储位置等。

知识点 4　关闭文件

　　文件编辑结束后可选择"文件"→"关闭"命令，或按Ctrl+W快捷键，或单击标题栏右侧的 × 按钮，关闭当前处于激活状态的文件。使用这种方法关闭文件时，其他文件将不受任何影响，如图2-21所示。

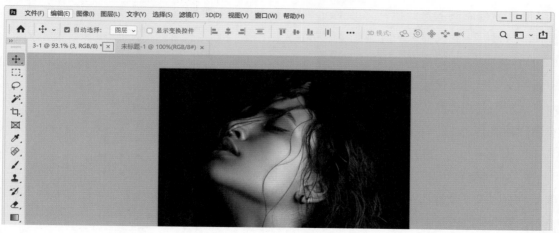

图2-21

提示 选择"文件"→"关闭全部"命令或按 Alt+Ctrl+W 快捷键，可以关闭所有文件。按 Ctrl+Q 快捷键可退出 Photoshop。

第4节 更改图像尺寸

在练习和工作中，需要更改图像尺寸的情况有很多。在 Photoshop 中选择"图像"→"图像大小"命令和"图像"→"画布大小"命令，以及使用裁剪工具就能满足更改图像尺寸的需求。

知识点 1 更改图像大小

设计工作中比较常见的更改图像大小的情况是，将图像以固定的宽度或高度等比缩放；如果需要将作品发布在多个平台上，不同的平台、不同的作品会有不同的尺寸要求，需要更改图像大小。

更改图像大小的方法是在 Photoshop 中选择"图像"→"图像大小"命令，或按 Alt+Ctrl+I 快捷键，打开"图像大小"对话框，如图 2-22 所示，在该对话框中更改宽度和高度的数值。在宽度和高度的左侧有一个 🔗 按钮，用于锁定宽高比，一般情况下会将其选中，避免图像被拉伸变形。在该对话框中还有一个"重新采样"复选框，可以根据图像处理情况与图像特点，设置这个复选框后面的选项，一般情况下设置为"自动"。

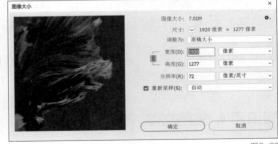

图 2-22

更改图像大小，实际上是更改图像的像素，像素的修改是不可逆的，因此更改图像大小时最好保存一个副本再进行更改。

知识点 2 更改画布大小

画布就像画画的纸，是 Photoshop 中进行图像创作的区域，工作区显示的区域就是画布的大小，操作时可以根据需求对画布大小进行调整。新建文件时设置的文件尺寸就是画布大小，有时在设置画布大小时无法准确判断作品最终的尺寸，因此需要对画布大小进行调整。

更改画布大小的方法是在 Photoshop 中选择"图像"→"画布大小"命令，或按 Alt+Ctrl+C 快捷键，打开"画布大小"对话框，如图 2-23 所示，在该对话框中可以调整画布的宽度和高度。

图 2-23

"定位"用于设定画布以哪个方向为起点进行延展或收缩。例如，若以中间为起点将画布加宽200像素，画布左右两侧将同时延展100像素，如图2-24所示；若设置右侧为起点，则画布向左侧延展200像素，如图2-25所示。

图2-24   图2-25

知识点 3 裁剪工具

选中工具箱中的裁剪工具 ![裁剪图标] 后，画布上会出现8 个控点，拖曳这些控点可以对画布进行裁剪，裁剪框中颜色较鲜艳的部分是要保留的部分，如图2-26所示。

在使用裁剪工具时，可以在属性栏中选择按比例裁剪的选项。例如，要将图像裁剪成方形，可以选择"1：1"选项。裁剪框中会显示参考线，系统默认为三等分参考线，在属性栏中可以根据需求选择其他的参考线，如

图2-26

图2-27所示。使用参考线可以辅助构图，如根据三分构图法将主体物放到参考线的交点处，这样裁剪出来的画面一般是比较好看的，如图2-28 所示。

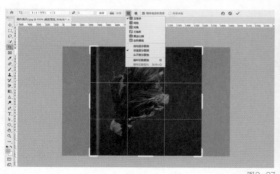

图2-27   图2-28

使用裁剪工具时属性栏中有"删除裁剪的像素"复选框，如果勾选这个复选框，裁剪的像素将被删除，再次裁剪时无法重新对原图像素进行操作，因此建议不勾选该复选框。保留原图的像素可以保证更多编辑的机会。确认裁剪效果后按Enter键即可完成操作。

　　拍照片的时候容易不小心把画面拍歪，如图2-29所示。裁剪工具属性栏中的拉直功能可以"变废为宝"。在选择裁剪工具的状态下，在属性栏中找到 📷 按钮，单击该按钮，在画面中沿歪掉的方向画出参考线，根据画出的参考线，对画面进行拉直，拉直效果如图2-30所示。

图2-29　　　　　　　　　　　　　　　　　　　　　　　　　图2-30

　　在拉直的过程中，默认裁剪画面的一些边角。如果在拉直的过程中不想损失像素，可以在属性栏中勾选"内容识别"复选框。勾选该复选框后，将自动识别画面中缺失的像素。

练习题

1. 选择题

（1）下列操作中哪些方法可以实现视图的缩放？（　　　）

A. 在工具箱中选择缩放工具后单击画布　　　　B. 按住Alt键并滚动鼠标滚轮

C. 按空格键　　　　D. 按Ctrl++快捷键

（2）下列哪些操作可以在Photoshop中打开文件？（　　　）

A. 按Ctrl+O快捷键

B. 在文件夹中选择图像文件并将其拖曳到软件图标上

C. 选择"文件"→"打开"命令

D. 按Ctrl+Q快捷键

（3）下列哪些快捷键可以实现文件的保存？（　　　）

A. Ctrl+S　　　　B. Shift+Ctrl+S

C. Ctrl+W　　　　D. Ctrl+Q

参考答案：（1）A、B、D；（2）A、B、C；（3）A、B。

2. 判断题

（1）更改图像大小和更改画布大小是同样性质的操作。（　　　）

（2）只有在标尺显示的状态下，才可以拖曳出参考线。（　　　）

参考答案：（1）×；（2）√。

3. 操作题

先将图2-31修改为宽1000像素的图像且保持图像比例不变，然后将图2-31裁剪为高3000像素、宽度不变的图像，再将图像分别保存为JPG格式和PSD格式。将图2-32所示的PSD文件另存为PNG格式。

图2-31

图2-32

操作提示

步骤1　打开图2-31，按Alt+Ctrl+I快捷键，修改图像的宽度为1000像素；按Shift+Ctrl+S快捷键，将图像分别另存为JPG格式和PSD格式。

步骤2　再次打开图2-31，按Alt+Ctrl+C快捷键，修改画布大小；设置"定位"在下方；修改高度为3000像素；按Shift+Ctrl+S快捷键，将图像分别另存为JPG格式和PSD格式。

步骤3　打开图2-32所示的PSD文件，按Shift+Ctrl+S快捷键，将图像保存为PNG格式。

第 **3** 课

图层的使用

Photoshop中的绝大部分操作是在图层中进行的。图层最大的作用就是将对象分离，分离对象后，可以对单个对象或部分对象进行操作，同时不会影响其他对象，这有利于反复打磨作品细节与打造画面层次。

本课知识要点：
- 图层的基本操作；
- 图层间的关系；
- 图像的自由变换；
- 合并与盖印图层。

第1节　图层的基本操作

图层的大部分操作位于"图层"面板中，如图3-1所示。"图层"面板在大部分预设工作区中显示，如果无法找到"图层"面板，可以在Photoshop中选择"窗口"→"图层"命令或按F7键将其打开。关于图层的所有功能都可以在"图层"菜单中找到。

本节将讲解图层的基础知识及新建图层、选中图层、更改图层不透明度、重命名图层、复制图层、创建图层组、删除图层、隐藏图层、锁定图层等基本操作。

图3-1

知识点 1　图层的基础知识

通俗地讲，图层就像包含文字或图形等元素的胶片，它们按顺序叠放在一起，组合起来呈现图像的最终效果，如图3-2所示。

对图像的任何处理操作都需要在图层中完成，图层内容可以在"图层"面板中查看，每个图层中的内容都可以单独进行修改，且不会影响其他图层中的内容。有了"图层"这一功能，不仅能更高效地达到目的，还能够使图像具有令人惊艳的效果。

图3-2

知识点 2　新建图层

新建图层的方法有很多，最简单的方法就是单击"图层"面板下方的⊞按钮，如图3-3所示。这可以直接创建一个新的透明图层。在Photoshop中选择"图层"→"新建"→"图层"命令，或按Shift+Ctrl+N快捷键，也可以新建图层（新建的图层为普通像素图层）。

使用文字工具、形状工具等工具进行操作时，系统会自动新建对应的图层。除此以外，使用移动工具将图像素材直接移动复制到画面中，也将新建图层（新建的图层为普通像素图层），如图3-4所示。

> **提示**　使用文字工具、形状工具创建的图层不是普通像素图层，不能使用画笔工具等修改这些图层的像素。若需要对其进行编辑，需要选中图层并右击，在弹出的快捷菜单中选择"栅格化图层"命令，将其转换为普通像素图层。从文件夹置入的图像默认为智能对象图层，无法对其进行破坏性编辑，编辑时也需要将其转换为普通像素图层。

文字图层
普通像素图层
形状图层
智能对象图层

图3-3   图3-4

知识点 3 选中图层

选中图层的方法有两种：一种是在"图层"面板中选中图层，另一种是使用移动工具选中图层。

1. 在"图层"面板中选中图层

直接在"图层"面板中单击图层可选中图层。按住 Ctrl 键并单击图层可以选中多个不连续图层，如图3-5所示。按住 Shift 键，先单击一个图层，再单击另一个图层，可以选中这两个图层及它们之间连续的多个图层，如图3-6所示。单击"图层"面板下方的空白区域可取消选中所有图层。

图3-5   图3-6

2. 使用移动工具选中图层

在使用移动工具 ✛ 的情况下，如果在属性栏中勾选"自动选择"复选框，如图3-7 所示，在画面中单击图像，即可选中对应的图层。勾选"自动选择"复选框很容易导致误操作，因此不建议勾选该复选框。若不勾选该复选框，可按住 Ctrl 键，再单击画布中的图像来选中对应的图层。如果想要选中多个图层，可以同时按住 Ctrl 键和 Shift 键，再单击画布中的图像。

🏠 ✛ ∨ ☑ 自动选择：图层 ∨ ☐ 显示变换控件 ┣ ╋ ╡ ≡ ┳ ╫ ╨ ┃┃ ⋯ 3D 模式：🔾 ⊙ ✛ ✛ 🎥

图3-7

提示 选中多个图层后，若想取消选中某个图层，可按住 Ctrl 键，单击被选中的图层，或同时按住 Ctrl 键和 Shift 键，单击被选中的图层。在移动工具被选中的状态下，按住 Ctrl 键，在画布上拖曳，被框选的图像及其对应的图层可同时被选中。

知识点 4　更改图层不透明度

在"图层"面板中选中图层后可以更改图层的不透明度。以图3-8为例，将大圆图层的不透明度更改为50%。首先选中大圆图层，然后在"图层"面板的"不透明度"下拉列表中选择相应的选项，或输入数值来调整其不透明度，如图3-9所示。修改图层不透明度的快捷方式方式是在移动工具选中的状态下，直接输入数字。

图3-8　　　　　　　　　　　　　　　　　　　　　图3-9

知识点 5　重命名图层

如果图层全部使用系统默认的名称，那么在图层很多的情况下，想要找到目标图层将耗费很多时间。因此，在进行图像处理或图像创作时，要养成良好的命名习惯，即按照图层的内容对图层进行命名。使用"图层"→"新建"→"图层"命令新建图层（快捷键为Shift+Ctrl+N）时，可以在弹出的"新建图层"对话框中直接修改图层名称，如图3-10所示。然而，并不是每一个新建的图层都能先进行命名，所以大部分图层需要在确定内容后进行重命名。重命名的方法是双击目标图层的名称区域，进入图层名称的更改状态，如图3-11所示，输入图层名称后按Enter键即可。

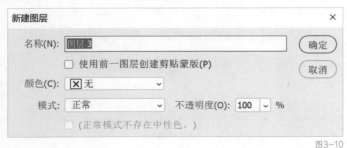

图3-10　　　　　　　　　　　　　　　　　　　　　图3-11

知识点 6 复制图层

在设计过程中可以通过复制图层来添加重复的图像，以减少重复操作。复制图层的方法如下：在"图层"面板中选中图层，在目标图层上右击，在弹出的快捷菜单中选择"复制图层"命令，弹出"复制图层"对话框，如图3-12所示，在该对话框中可以修改复制图层的名称等，设置完成后，单击"确定"按钮；也可按Ctrl+J快捷键直接复制图层；或按住鼠标左键拖曳选中的图层到"创建新图层"按钮上复制图层。在使用移动工具的情况下，按住Alt键并拖曳图像进行图像复制时，对应图层也将被复制。

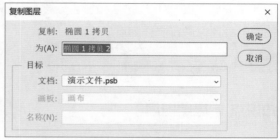
图3-12

知识点 7 创建图层组

创建图层组可以将关联的图层组合在一起，方便对多个图层进行移动或自由变换等操作。

创建图层组的操作方法如下：选中图层，按Ctrl+G快捷键；或右击，在弹出的快捷菜单中选择"从图层建立组"命令。在弹出的"从图层新建组"对话框中，可对图层组进行命名，如图3-13所示。图层组创建成功后，"图层"面板如图3-14所示。

图3-13

创建图层组还有一种方法。单击"图层"面板下方的 按钮，在"图层"面板中创建一个新组。创建新组后将需要编组的图层直接拖进组中，或直接在组中创建新图层。需要注意的是，想要在画布中移动图层组的所有图层，需取消勾选移动工具属性栏中的"自动选择"复选框。当在移动工具属性栏中选择"组"选项时，如图3-15所示，在画布中选择组中的某个图层时，只能选中组，不能单独选择组中的单个图层。组以外的独立图层不受此设置影响。若选择"图层"选项，则可以任意选择图层。

在图层较多的文件中，编组非常重要，有助于划分图像内容，因此在工作中需要养成给图层编组的好习惯。

图3-14

提示 按Shift+Ctrl+G快捷键，或选中组后右击，在弹出的快捷菜单中选择"取消编组"命令，可取消编组。

图3-15

27

知识点 8　删除图层

对于错误、重复、多余的图层，可以在"图层"面板中将其删除。删除图层的方法有很多：在"图层"面板中选中需要删除的图层后，可以按 Delete 键或单击"图层"面板下方的 🗑 按钮进行删除；也可以右击，在弹出的快捷菜单中选择"删除图层"命令；还可以将图层拖到"图层"面板下方的 🗑 按钮上，然后释放鼠标左键删除图层。这些方法都很便捷，读者按照自身喜好进行操作即可。

> **提示** 删除图层组的方法与删除图层的方法相同，展开图层组可选择组内单个图层并删除。

知识点 9　隐藏图层

在图层较多的情况下，图层会互相遮挡，有时候会干扰操作。因此，为了准确调整画面，有时需要将部分图层隐藏起来。在"图层"面板中，可以调整图层的显隐状态，单击图层前方的 👁 图标可以改变图层的显隐状态。图层前面的 👁 图标显示时，该图层处于显示状态，如图 3-16 所示；图层前面的 👁 图标消失时，该图层处于隐藏状态，如图 3-17 所示。

图3-16

图3-17

合理隐藏图层还可以对比修图前后的效果。一张调整后的图片如图 3-18 所示，如果想要对比调整前后的效果，可以先选中背景图层，然后按住 Alt 键，单击该图层前方的眼睛 👁 图标，隐藏除了该图层以外的其他图层，显示出原图的状态，如图 3-19 所示。

图3-18

图3-19

知识点 10　锁定图层

在图层比较多的情况下，可以先将一些已经调整好的图层或一些暂时不需要改动的图层锁定起来，避免误操作。

锁定图层的方法是选中图层，在"图层"面板中单击相应的锁定按钮。最常用到的是"锁定全部" 🔒 按钮，单击此按钮后，图层中的所有像素都被锁定，不能做任何修改。也可以选择锁定局部，较常用的有"锁定透明像素" ▨ 按钮和"锁定图像像素" ✐ 按钮。选中图层，单击"锁定透明像素"按钮，只能对该图层的像素部分进行修改；选中图层，单击"锁定图像像素"按钮后，只能调整图像位置，不能更改其像素。图层锁定后，在"图层"面板中，该图层后方将显示锁定按钮，如图3-20所示。若需要解锁图层，单击对应图层上的锁定图标即可。

图3-20

第2节　图层间的关系

图层之间是相互关联的。图层间存在位置关系，如图层的上下关系、对齐关系等。本节将讲解Photoshop中图层的上下关系、对齐关系和分布关系，其他特殊关系将在后面详细讲解。

知识点 1　图层的上下关系

图层的上下关系，也被称为层叠关系，体现在画面中就是上方的图层会遮盖下方的图层。在"图层"面板中可以清晰地看出图层的上下关系，图3-21中各张图片对应图层的上下关系如图3-22所示。

图3-21

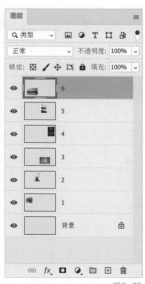

图3-22

　　想改变图层的上下关系，可以直接在"图层"面板中拖动图层。以图3-21为例，想要将图层"2"置于最上方，在"图层"面板中选中该图层，按住鼠标左键并向上拖曳，直到图层"6"上方出现蓝色双线，如图3-23所示，释放鼠标左键，即可完成图层位置的调整，效果如图3-24所示。选中图层后，也可以通过快捷键来更改图层的上下位置，将图层向下移动一层的快捷键为Ctrl+[，将图层向上移动一层的快捷键为Ctrl+]。

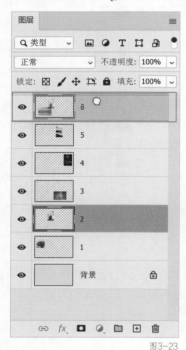

图3-23　　　　　　　　　　　　　　　　　　　　　　　　　　　　　图3-24

提示　将图层向下移动到最下一层的快捷键为Shift+Ctrl+[，将图层向上移动到最上一层的快捷键为Shift+Ctrl+]。

知识点 2　图层的对齐和分布关系

　　除上下关系外，图层还有对齐关系与分布关系。在进行排版设计时，图像有序地对齐和分布会使画面富有节奏感。

　　图层的对齐和分布是以图层中像素的边缘为基准的。使用移动工具选中多个图层后，属性栏中将出现有关图层对齐和分布的按钮，如图3-25所示。

图3-25

1. 图层的对齐

　　图层的对齐形式主要是基于水平方向或垂直方向对齐，以图3-26为例，如果需要将3个色块进行水平方向上的对齐，那么在"图层"面板中选中对应的图层后，单击属性栏中的对齐按钮即可。注意，图像的对齐是以图层中的像素边缘为基准进行的，垂直方向上的对齐原理也是如此，效果如图3-27所示。

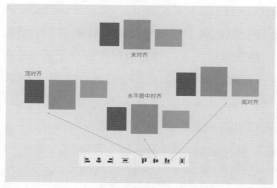

图3-26

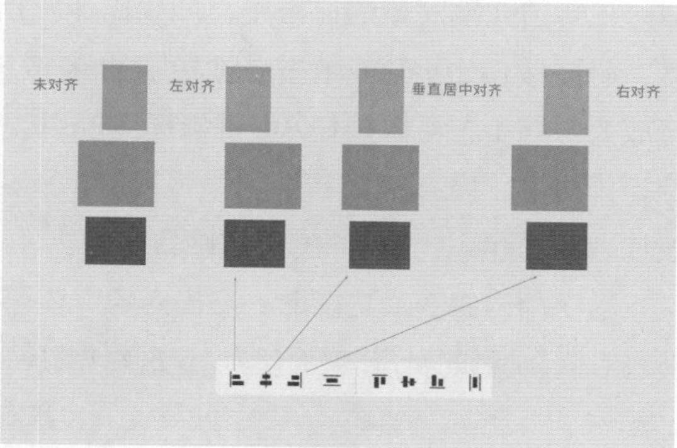

图3-27

2. 图层的分布

图层的分布也是以图层中像素的边缘为基准的。分布可用于快速对同一方向上的图像进行等距离的排列。以图3-28为例，如果需要对3个图形进行等距离的排列，那么在"图层"面板中选中对应的图层后，单击属性栏中的分布按钮即可。垂直方向上的分布原理也是如此。

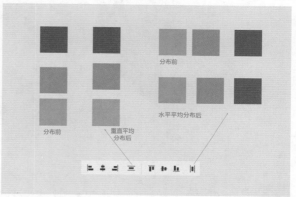

图3-28

> **提示** 至少选中两个图层才可以进行对齐，选中3个及以上的图层才可进行平均分布。

第3节 图像的自由变换

自由变换功能主要用于对对象进行放大、缩小处理，或用于改变对象形状。

当一张图像被拖入画布后，通常需要将其缩放至合适的大小，使用透视、变形等功能还可以让图像与画面更加融合。在实际应用中，自由变换功能使用得非常频繁，如VI（Visual Identity，视觉识别）设计中将标志（Logo）或图案贴到样机图上展示给客户；在商业修图或图像合成中，对人像和产品进行修形、优化也需要用到自由变换功能。

知识点 1 自由变换的基本操作

在Photoshop中，选中图像，选择"编辑"→"自由变换"命令或按Ctrl+T快捷键即可让该图像进入自由变换状态，如图3-29所示。

进入自由变换状态后，拖曳8个控点即可对对象进行等比例放大、缩小等操作。注意，在Photoshop CC 2019之前的版本中，需要按住Shift 键再拖曳控点，才能实现对象的等比例放大、缩小。而在Photoshop CC 2019及之后的版本中的默认状态下，按住Shift 键再拖曳控点将对对象进行比例不等的放大、缩小。

在自由变换对象的过程中，如果操作出现失误，可以按Esc 键退出；如果对调整结果满意，可以按Enter键或单击属性栏中的 ✓ 按钮确定变换效果。如果想让对象基于图像中心进行放大、缩小，可以按住Alt 键再拖曳控点。在自由变换状态下，当将鼠标指针移至4 个角的控点外侧时，鼠标指针将变为带弧度的箭头形状，如图3-30所示，这时可对对象进行旋转，按住Shift键可以以15°的倍数旋转对象。

当使用自由变换功能时，右击对象，还可以在弹出的快捷菜单中选择"透视""变形""旋转180度""顺时针旋转90度""逆时针旋转90度""水平翻转""垂直翻转"等命令。

图3-29

图3-30

> **提示** 每一次自由变换都会改变图像的像素，图像经过多次自由变换后清晰度会下降。智能对象图层对应的图像自带定界框，对智能对象进行多次自由变换后，其清晰度不会下降。在进行自由变换前，可先选中图层并右击，在弹出的快捷菜单中选择"转换为智能对象"命令，将普通像素图层转换为智能对象图层。

知识点 2 透视

除了用于进行正向的缩放外，自由变换功能还用于制作一些带透视效果的展示图。图3-31所示是一张已完成的海报，如果想将其贴到一个实地场景中，查看其实际展示效果，就需要运用自由变换功能来改变其透视效果。

首先，使用移动工具将海报拖动、复制到图3-32所示的背景素材中；接着，按Ctrl+T快捷键进入自由变换状态，将海报大致对准需要贴图的位置，按住Ctrl键，拖曳4 个控点进行调整，效果如图3-33所示。更改好透视效果后，按Enter键确认，实地场景贴图的效果如图3-34所示。

> **提示** 在自由变换状态下，按Shift+Alt+Ctrl快捷键将鼠标指针移到4 个角的控点上，拖曳鼠标可对图像进行梯形透视调节。进行自由变换前可将图像转换为智能对象，变换后定界框状态将会被保存，便于随时进行细节调整。

图3-31

图3-32

图3-33

图3-34

知识点 3 变形

　　使用变形功能可以对带有弧度效果的图像进行贴图效果的制作，例如，将图3-35所示的图案贴到图3-36所示的罐子上。

　　首先，打开图3-35，使用移动工具将其移动复制到图3-36所示的罐子素材中。然后，对其进行缩小，使其与罐子等宽。在自由变换状态下右击素材，在弹出的快捷菜单中选择"变形"命令，得到带有调柄的定界框，根据罐子的弧度，调节调柄，如图3-37所示。在调整好弧度后，按Enter键确认，这样罐子的贴图就完成了，效果如图3-38所示。

> 提示　贴图时为了更好地贴合产品轮廓，可适当降低图案图层的不透明度，调节好后再恢复至初始状态。若想贴图效果更自然，可适当设置图层混合模式。

图3-35

图3-36

图3-37

图3-38

知识点4 变换复制

　　使用"自由变换"命令进行旋转、缩放等操作后，结合复制并重复上次变换快捷键Shift+Alt+Ctrl+T可制作出许多特殊的图形效果。

　　以将图3-39中的热气球重复复制来制作特殊图案效果为例，首先选中热气球图像，按Ctrl+J快捷键将其复制一层，然后选中复制出的图像并执行"自由变换"命令，适当缩小图像，将图像移动到合适的位置，按住Alt键将其中心点拖到定界框外侧，接着按住鼠标左键对图像进行顺时针旋转，效果如图3-40所示，按Enter键确认。选中变换后的图像，按Shift+Alt+Ctrl+T快捷键多次，可得到不断重复之前变换的图像，最终效果如图3-41所示。

图3-39

图3-40

图3-41

提示 Photoshop 2023中执行"自由变换"命令后生成定界框时中心点处于隐藏状态，可通过选择"编辑"→"首选项"→"工具"→"在使用'变换'时显示参考点"命令使中心点显示。智能对象图层的"变换复制"命令不可用，选择该命令前应先将图层栅格化。

知识点 5 翻转

使用翻转功能，可以给对象制作倒影以增强其质感。

打开图3-42，选中纸包，选择移动工具，按住Alt 键移动复制一个纸包。按Ctrl+T快捷键使复制出的纸包进入自由变换状态，右击纸包，在弹出的快捷菜单中选择"垂直翻转"命令，效果如图3-43 所示，并将翻转后的纸包调整到合适的位置。这时的效果不够自然，可以使用橡皮擦工具调整一下过渡。

图3-42

图3-43

知识点 6 透视变形

在进行一些包装设计时，会制作一些样机图以模拟真实的展示效果，此时一些非正面效果的图像需要通过透视变形来进行倒影的制作，如图3-44所示。复制图像，选中复制出的图像，按Ctrl+T快捷键将其垂直翻转并将其与上方图像底部对齐，如图3-45所示，将其作为倒影图像。选中倒影图像，选择"编辑"→"透视变形"命令，如图3-46所示。在属性栏中选择"版面"，拖曳控点，沿着倒影的轮廓分别绘制矩形框，如图3-47所示。在属性栏中选择"变形"，拖曳控点，将倒影的上边缘与上方图像的底边对齐，效果如图3-48所示。单击属性栏中的"确定" ☑按钮，利用橡皮擦工具实现倒影渐隐的效果。

图3-44

图3-45

编辑(E)		
还原轻移(O)	Ctrl+Z
重做(O)	Shift+Ctrl+Z
切换最终状态	Alt+Ctrl+Z
渐隐(D)...	Shift+Ctrl+F
剪切(T)	Ctrl+X
拷贝(C)	Ctrl+C
合并拷贝(Y)	Shift+Ctrl+C
粘贴(P)	Ctrl+V
选择性粘贴(I)	▶
清除(E)	
搜索	Ctrl+F
拼写检查(H)...	
查找和替换文本(X)...	
填充(L)...	Shift+F5
描边(S)...	
内容识别填充...	
内容识别缩放	Alt+Shift+Ctrl+C
操控变形	
透视变形	

图3-46

图3-47

图3-48

知识点 7 内容识别缩放

　　自由变换功能中还有一个隐藏的"秘密武器",它就是内容识别缩放。如果想将图3-49变成一张长图,只延长背景,不改变人物的大小,应该怎么做呢?选中图层后,选择"编辑"→"内容识别缩放"命令(快捷键为Shift+Alt+Ctrl+C),按住Shift键,拖曳图像右边的控点,即可得到图3-50所示的效果。

图3-49

图3-50

> 提示 进行内容识别缩放时,拖曳的幅度不要过大,以免导致图像变形。

第4节 合并与盖印图层

　　文件大小与图层数量息息相关,图层数量越多,文件就越大。因此,在完成设计后,有必要对一些图层进行合并。

　　合并图层的方法是,先选中需要合并的图层,然后右击,在弹出的快捷菜单中选择"合并图层"命令或按Ctrl+E快捷键。选中任意可见图层并右击,在弹出的快捷菜单中选择"合并可见图层"命令或按Shift+Ctrl+E快捷键,可以将所有可见图层合并。

　　如果既想保留图层,又想得到合并图层的效果,可使用盖印图层功能。以图3-51为例,选中任意图层,然后按Ctrl+Alt+Shift+E快捷键,在"图层"面板的最上方就可以得到一个包含当前所有图层的合并图层,如图3-52所示。盖印图层可以保留图像当前的制作效果和历史操作记录,常用于在创作插画、人像修图和合成设计作品时保留创作过程。

图3-51

图3-52

> 提示 按Alt+Ctrl+E快捷键可盖印选中图层。

练习题

1. 选择题

（1）下列哪些操作可以新建图层？（　　　）

A. 单击"图层"面板下方的⊞按钮　　　　　　　　B. 按Ctrl+Shift+N快捷键

C. 按Ctrl+J快捷键　　　　　　　　　　　　　　D. 按Ctrl+N快捷键

（2）以下哪个操作不能选中图层？（　　　）

A. 在选择移动工具的状态下按住Ctrl键并单击画布中的图像

B. 在"图层"面板中的图层上直接单击

C. 在移动工具属性栏中勾选"自动选择"复选框后，在画布中单击图像

D. 按住Shift键，直接在"图层"面板中单击图层

（3）下列哪个不是复制图层的方法？（　　　）

A. 选中要复制的图层，按住鼠标左键将其拖曳到"创建新图层"按快捷键按钮上

B. 选中图层，按Ctrl+J快捷键

C. 选择移动工具，按住Alt键移动、复制

D. 选中图层，直接单击下方的"创建新图层"按钮。

参考答案：（1）A、B、C；（2）D；（3）D。

2. 判断题

（1）盖印图层和合并图层是同一种操作。（　　　）

（2）只有先进行自由变换，才能够实现变换复制。（　　　）

参考答案：（1）×；（2）√。

3. 操作题

将图3-53中的标志粘贴到图3-54所示的样机图中。本题用于帮助读者巩固自由变换和复制图层的操作方法，制作完成的效果如图3-55所示。

图3-53

图3-54

图3-55

操作提示

步骤1 打开贴图文件，将标志置入样机图。

步骤2 选中标志图层，按Ctrl+T快捷键，进行自由变换，将标志适当缩小，放置在中间的笔记本上。

步骤3 复制变换后的图像，再次进行自由变换，适当缩小标志，并将其分别放在卡片和黑色记事本上。

第 **4** 课

选 区 工 具

选区工具是Photoshop中的重要工具之一，用于设计和处理图像中的特定区域，使用不同的选区工具或执行不同的命令能得到不同的选区。对于选区中的图像，可以移动、复制、填充颜色或执行一些特殊操作，且不会影响其他区域。

本课知识要点：

- 认识选区；
- 选框工具组；
- 套索工具组；
- 魔棒工具组；
- 选择并遮住（调整边缘）；
- 存储选区和载入选区。

第1节 认识选区

选区工具包括矩形选框工具、套索工具、魔棒工具等，本节主要讲解选区的表现形式、保护功能，以及选区的移动与复制等。

知识点 1 选区的表现形式

选区以浮动虚线的形式呈现，浮动的虚线包围的区域表示被选择的区域。选区按照形状大致可以划分为常规选区和不规则选区，如图4-1和图4-2所示。

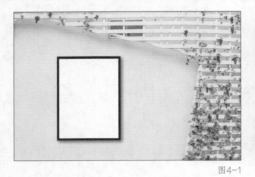

图4-1

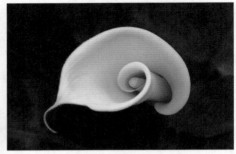

图4-2

知识点 2 选区的保护功能

创建选区后，可以单独对选区内的图像进行颜色填充、调色、过滤等操作，对应效果如图4-3所示。在对选区内的图像进行操作时，选区外的图像不受影响，这可以保护不需要进行操作的图像。

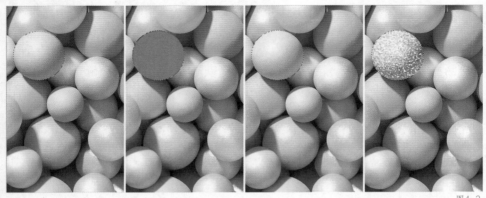

图4-3

知识点 3 移动选区

选区是可以移动的，移动选区需要在选择选区工具（如矩形选框工具、套索工具、魔棒工具等）的状态下进行。注意，移动选区前需确保属性栏中选区工具的选择状态是"新选区"回状态。将鼠标指针移动到选区内，鼠标指针自动变为白色箭头，如图4-4所示，按住鼠标左键，白色箭头再次变为黑色的，表示当前选区处于可移动状态，选区的移动效果如图4-5所示。

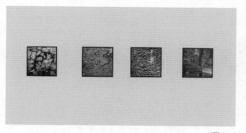 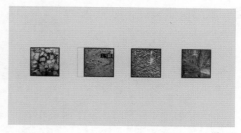

图4-4 图4-5

选区的移动还可通过操作键盘来实现。当创建一个选区后，按方向键可以每次以1像素为单位移动选区；也可以按Shift+方向键，每次以10像素为单位移动选区。

知识点4 选区内图像的移动

在进行图像操作时，经常需要借助选区来移动或复制图像中的特定内容。创建一个选区后，在工具箱中选择移动工具，移动选区，选区内的图像也会随之移动。移动选区后，原位置将被自动填充为背景色，如图4-6所示。

图4-6

在图4-7中创建选区，按住Alt键，使用移动工具可以将选区内的图像移动并复制到任意位置，如图4-8所示。

图4-7 图4-8

创建选区后，使用移动工具可以将选区内的图像复制粘贴到其他文档中（常用的合成手法）。例如，在图4-9中建立渐变球的选区，使用移动工具拖曳选区内的图像至图4-10的标题栏上，激活背景文档，可将渐变球复制并粘贴到背景文档中。

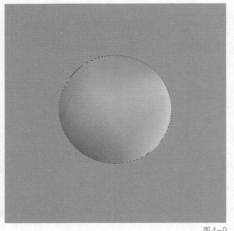

图4-9   图4-10

第2节 选框工具组

选框工具组包括矩形选框工具、椭圆选框工具、单行选框工具、单列选框工具。本节主要讲解矩形选框工具和椭圆选框工具的基本操作方法，以及选区的布尔运算和调整等特殊操作。

知识点 1 使用选框工具绘制选区

在工具箱中选择矩形选框工具 [] 或椭圆选框工具 ◯ 后，按住鼠标左键并拖曳鼠标可绘制出对应类型的选区，如图4-11所示。

图4-11

提示　在使用矩形选框工具或椭圆选框工具绘制选区时，按住Shift键可以得到正方形或圆形选区。绘制选区时按住空格键，可在绘制时移动选区，松开空格键不影响选区的继续绘制。

知识点2 选区的基本操作

绘制选区之前可进行大小或比例设置，选区绘制完成后可随时取消设置。在属性栏的"样式"下拉列表中可选择"固定比例""固定大小"等选项，如图4-12所示。

图4-12

使用选区工具时可以通过属性栏中的"样式""宽度""高度"选项绘制固定比例或固定大小的选区，1∶1选区如图4-13所示。

如果选区绘制失误，或者对该选区的操作已完成，那么需要取消选区。在使用选区工具的过程中，如果绘制新的选区，旧的选区将自动取消。注意，只有当属性栏中选区工具的选择状态是"新选区"状态时，才可以通过绘制新选区来取消旧选区。此外，还可以使用Ctrl+D快捷键取消选区。

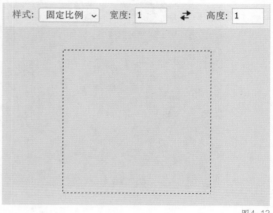

图4-13

提示 在执行操作的过程中，当出现误操作时，可按Ctrl+Z快捷键撤回上一步操作，或打开右侧的"历史记录"面板，选择要撤回的步骤以进行撤回。

知识点3 选区的布尔运算

通过布尔运算可以使多个选区相加、相减或相交等，最终得到一个组合选区。选区的布尔运算的具体介绍如下。

1. 添加到选区

在属性栏中设置选择状态为"添加到选区"状态 ，在已有选区的基础上再次绘制新选区，可得到两个选区相加后的效果。以图4-14为例，沿篮球轮廓绘制选区后，在属性栏中单击"添加到选区"按钮，然后依次沿足球和橄榄球的轮廓绘制选区，实现同时创建多个选区的目的，效果如图4-15所示。

图4-14

图4-15

提示 在绘制新选区时按Shift键，也可以实现选区相加的效果。

2．从选区中减去

在属性栏中设置选择状态为"从选区中减去"状态 ，在已有选区的基础上再次绘制新选区，可得到两个选区相减后的效果。以图4-16为例，沿弯月外边缘绘制圆形选区后，在属性栏中单击"从选区中减去"按钮，然后在弯月内侧绘制圆形选区，实现绘制弯月选区的目的，效果如图4-17所示。

图4-16   图4-17

提示 在绘制新选区时按 Alt 键，也可以实现选区相减的效果。

3．与选区交叉

在属性栏中设置选择状态为"与选区交叉"状态 ，可得到两个选区相交后的效果。以图4-18所示的眼睛图案为例，沿眼睛下边缘绘制圆形选区后，在属性栏中单击"与选区交叉"按钮，然后沿眼睛上边缘绘制圆形选区，实现绘制眼睛轮廓选区的目的，效果如图4-19所示。

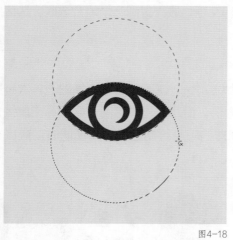
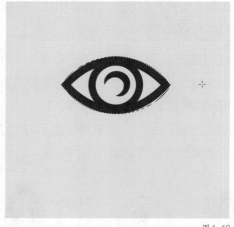

图4-18   图4-19

提示 在绘制新选区时按 Alt 键和 Shift 键，可实现选区相交的效果。

绘制新选区时只需在拖曳鼠标时按一次快捷键，即可激活相应的选区布尔运算，无须一直按住快捷键。

知识点 4 选区的调整

除了基本的操作和布尔运算以外，还可以对选区进行变换、羽化、描边等特殊操作。

1. 变换选区

当绘制的选区与实际需要的选区大小有细微偏差时，可通过在 Photoshop 中选择"选择"→"修改"→"收缩"命令，在弹出的"收缩选区"对话框中设置"收缩量"来实现选区的收缩，如图 4-20 所示。扩展选区的操作与收缩选区的基本一致。

图4-20

通过"变换选区"命令也可实现选区的缩放。图 4-21 中绘制的足球选区过大，可在选择选区工具的状态下右击，在弹出的快捷菜单中选择"变换选区"命令，选区周围会生成一个定界框，拖曳 4 个角的控点，调整定界框的大小，使选区更加贴合足球轮廓，如图 4-22 所示。

图4-21

图4-22

> **提示** "变换选区"命令的使用方式与"自由变换"命令的使用方式相同。

2. 羽化选区

"羽化选区"命令可以使选区边缘变得柔和，选区内的图像可以自然地过渡到背景中。以图 4-23 为例，要对绘制的选区进行羽化，在 Photoshop 中，选择"选择"→"修改"→"羽化"命令（快捷键为 Shift+F6），弹出"羽化选区"对话框，在"羽化半径"文本框中输入羽化值，单击"确定"按钮即可。切换到移动工具，按住 Alt 键移动、复制羽化后的选区内的图像，图像四周会有比较自然的过渡效果，如图 4-24 所示。

图4-23

图4-24

3．描边选区

在图像处理过程中，经常会用到"描边选区"命令来强调图像轮廓或绘制图框。

描边选区指沿着创建的选区边缘进行描绘，为选区边缘添加颜色或设置宽度。在选择选区工具的状态下右击，在弹出的快捷菜单中选择"描边"命令可为选区设置描边效果，"描边"对话框如图4-25所示。

通过"描边"对话框不仅可对描边进行宽度和颜色的设置，还可以设置描边的位置。其中内部描边为常用描边类型。内部描边可沿选区边缘向内为选区添加描边效果，且不会改变选区轮廓的大小，如图4-26所示。其他两种形式或多或少都会改变选区的轮廓大小。

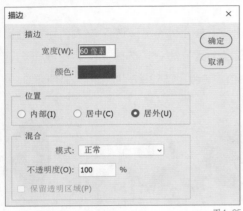

图4-25

图4-26

第3节　套索工具组

套索工具组多用于绘制不规则选区和进行不规则图形的抠取。本节主要讲解套索工具、多边形套索工具和磁性套索工具的使用技巧。

知识点 1　套索工具

套索工具 ♀ 多在无须绘制精准选区、快速选取画面局部图像时使用。

选择套索工具后，只需要在图像窗口中按住鼠标左键并拖曳，虚线首尾相连后释放鼠标左键即可创建选区，如图4-27所示。

知识点 2　多边形套索工具

多边形套索工具 ☇ 多用于抠取直线形状的物体，例如立方体、直角建筑物等。

以图4-28为例，选择多边形套索工具后，在图像窗口中单击以定义选区的起始点，然后沿楼体轮廓单击以定义选区中的其他端点，最后将鼠标指针移动到起始点处，当鼠标指针呈 ☇。形状时单击，即可创建选区。

图4-27   图4-28

在选区绘制过程中，当端点位置添加错误时，可按BackSpace键撤回一步，按Esc键可撤销选区的绘制。

知识点 3　磁性套索工具

磁性套索工具 多用于抠取轮廓复杂的图像，它相较于钢笔工具更容易掌握，且抠出的物体轮廓细节更多。

以抠取图4-29中的白色小狗为例，选择磁性套索工具，在白色小狗轮廓边缘某一位置单击以定义起始点，沿白色小狗的轮廓拖曳鼠标，将自动在鼠标指针移动过的轨迹上选择对比度较大的位置生成节点，当鼠标指针回到起始点时单击即可创建白色小狗轮廓选区，如图4-30所示。

图4-29   图4-30

在一些模糊的边缘区域有时不会自动生成节点，可通过单击添加节点，再继续拖曳鼠标。同时，在节点添加错误时，可按Backspace键撤回一步，按Esc键可撤销选区的绘制。

第4节　魔棒工具组

魔棒工具组中的工具主要用于快速选择相似的区域，包括对象选择工具、快速选择工具和魔棒工具。

知识点 1　对象选择工具

　　Photoshop 2023的对象选择工具🔲属性栏中新增了"对象查找程序"复选框，且默认勾选该复选框。当使用对象选择工具时，系统将自动分析图像，鼠标指针移动到对象中时，对象会以蓝色显示，如图4-31所示，单击即可沿着图像轮廓生成选区，如图4-32所示。

　　取消勾选"对象查找程序"复选框，在工具箱中选择对象选择工具，框选图4-33中的小狗，可创建对应的选区，如图4-34所示。图像颜色对比越明显，生成的选区越精准。

图4-31

图4-32

图4-33

图4-34

　　另外，新增的"图层"→"遮住所有对象"命令也可用于实现图像的智能抠取。选中图像后，选择"图层"→"遮住所有对象"命令，就会自动生成带有蒙版且基于单个图像轮廓的图层组，如图4-35所示。将图像分别移动至带有图层蒙版的图层组中，即可实现对图像的抠取，如图4-36所示。

图4-35

图4-36

知识点 2 快速选择工具

快速选择工具可以帮助用户快速选择目标对象。在拖曳鼠标时，选区会自动向外扩展，跟随图像的边缘（背景和目标对象对比明显时适用）生成选区。在快速选择工具的属性栏中有设置选区相加或相减的命令，如图4-37所示。

图4-37

系统默认为"添加到选区"状态，创建初始选区后，再次创建的选区会自动与初始选区相加。

按住Alt键可以快速切换到"从选区减去"状态，可以在原有选区的基础上减去鼠标拖曳处的图像区域。

以抠取图4-38中的荷花为例，在工具箱中选择快速选择工具，按住鼠标左键在荷花图像上拖曳，将沿荷花图像的边缘不断得到选区，直至得到完整的荷花轮廓选区，按Ctrl+J快捷键复制选区内的图像，或按Ctrl+Shift+I快捷键反选，再按Delete键删除背景，得到单独的荷花图像，如图4-39所示。

图4-38

图4-39

知识点 3 魔棒工具

使用魔棒工具可以在图像中颜色相同或相近的区域生成选区，它适用于选择颜色和色调变化不大的图像。

选区的范围由属性栏中"容差"选项的数值大小决定，如图4-40所示。

图4-40

在工具箱中选择魔棒工具后，单击图像中的某个点，即可将图像中该点附近颜色相同或相似的区域选出，如图4-41所示。

"容差"越大，选区范围越大；反之，选区范围越小。图4-42所示为"容差"为20时的选区范围，图4-43所示为"容差"为40时的选区范围。

在属性栏中还可以勾选"连续"复选框，选择颜色相同但不相邻的区域。以图4-44为例，如果不勾选"连续"复选框，单击左边的蓝色区域只能选中左边的矩形区域；若勾选"连续"复选框，可以选中不相邻的两个蓝色矩形区域，如图4-45所示。

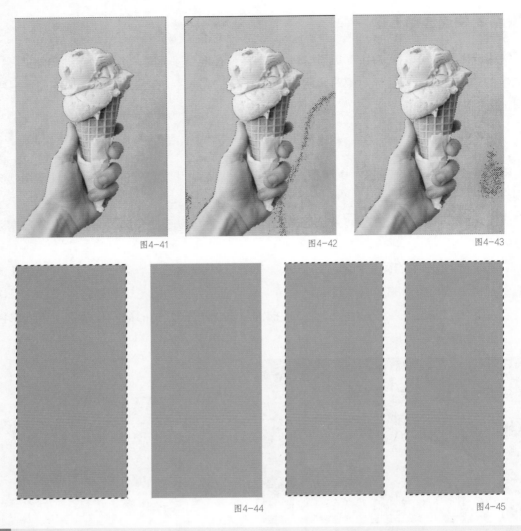

图4-41　　　　　　　　　图4-42　　　　　　　　　图4-43

图4-44　　　　　　　　　图4-45

提示 在使用魔棒工具时，可使用"布尔运算"命令增加或减少选区范围。

第5节　选择并遮住（调整边缘）

　　"选择并遮住"命令即旧版Photoshop中的"调整边缘"命令，多用于对选区边缘进行调节，使抠出的图像边缘更加平滑、自然，尤其适用于抠取人像或动物毛发这类边缘复杂的对象。下面通过从图4-46所示的人像中抠出图4-47所示的人物的操作，讲解选择并遮住功能的实际运用方法。

　　首先，打开人像素材，使用对象选择工具和快速选择工具建立人像轮廓选区。使用缩放工具放大画面可以看到，此时建立的人像选区（尤其是毛发部分）并不很精准，所以需要使用选择并遮住功能对选区进行调整。在选择快速选择工具的状态下，在属性栏中单击"选择并遮住"按钮，即可进入对应界面，如图4-48所示。

图4-46   图4-47

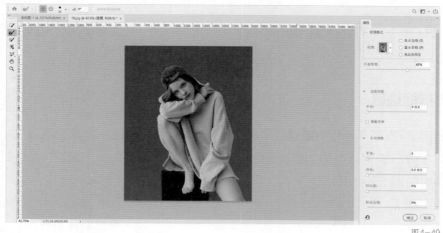

图4-48

然后，在界面的右侧可以看到"属性"面板，如图4-49所示。在"属性"面板的最上面有"视图模式"选项组，在"视图"下拉列表中可以选择不同的视图模式，以便更好地观察调整的结果。因为人像原来的背景为浅灰色背景，选择白色背景看起来不够清楚，所以选择黑底视图。在工作区中，黑底半透明的部分是图中没有被选中的部分，而中间颜色鲜艳的部分是被选中的部分。

图4-49

接下来，进行边缘检测和全局调整设置。拖动"半径"滑块或在文本框中输入数值可以改变选区边缘的范围，勾选"智能半径"复选框可使调整的边缘更加精确。"全局调整"栏中的选项主要用于对选区平滑度、边缘模糊度（"羽化"值多默认为0）、精准度（对比度）、收缩范围（移动边缘）进行调节。对这些选项进行设置后，会发现图像边缘变得更干净、平滑。但毛发边缘并没有很大变化，这时就需要结合左侧工具箱里的工具对发丝进行调整。

左侧工具箱中的调整边缘画笔工具 ✐ 主要用于对发丝边缘进行调整，其使用方法与画笔工具的类似。将调整边缘画笔调整到合适的大小后，就可以开始对一些选择不准确的边缘进行涂抹，涂抹后系统会重新计算，得出更好的边缘选择效果，如图4-50所示。

图4-50

在"属性"面板的右下方可进行图像的输出设置。边缘调整好以后，在"输出到"选项中选择输出的类型，一般选择"新建图层"或"新建带有图层蒙版的图层"，这里选择"新建图层"。单击"确定"按钮，"图层"面板中会生成抠出的图像图层。

第6节　存储选区和载入选区

创建选区后，如果需要多次使用该选区，可以将其存储，在需要使用时再通过载入选区的方式将其载入图像中。

知识点1　存储选区

在Photoshop中，使用对象选择工具选择图4-51中的盘子，选择"选择"→"存储选区"命令，在弹出的对话框中，更改选区的名称为"盘子"，单击"确定"按钮即可将盘子选区保存，如图4-52所示。

图4-51   图4-52

知识点 2 载入选区

在Photoshop中，打开"盘子选区.psd"文件，选择"选择"→"载入选区"命令，在弹出的对话框中，选择"通道"下拉列表中的"盘子"即可载入之前保存的选区，如图4-53所示。

存储选区的本质是存储通道，可以在"通道"面板中找到保存的选区，如图4-54所示。因为选区的本质是通道，所以在"通道"面板中选中并删除保存的通道后，保存的选区也会被删除。

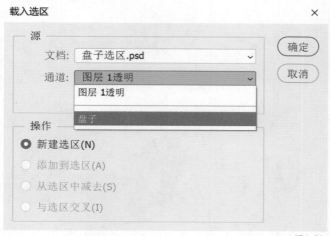

图4-53   图4-54

> **提示** 透明背景图层内的图像轮廓也可以被载入为选区，操作方法为选择要载入的轮廓图层后按住Ctrl键，将鼠标指针移动到图层的缩略图上，在出现🖐图标时单击，就会沿图像边缘生成选区，如图4-55所示。

在学习本课时，读者重点要掌握的是套索工具组和魔棒工具组中工具的操作方法，这两个工具组中的工具主要用于抠取图像，在使用时要清楚每种工具在何种情况下使用，才能在遇到不同类型的图像时选择合适的工具进行操作。在抠图时，将多个工具配合使用，会使图像的抠取更便捷。

图4-55

综合案例 水果创意海报设计

本案例将使用图4-56所示的素材，制作水果创意海报。本案例用于帮助读者巩固选区工具的相关知识，学会灵活运用选区工具实现设计创作。最终效果如图4-57所示。

海报尺寸是210毫米×297毫米。

分辨率是300像素/英寸（1英寸=2.54厘米）。

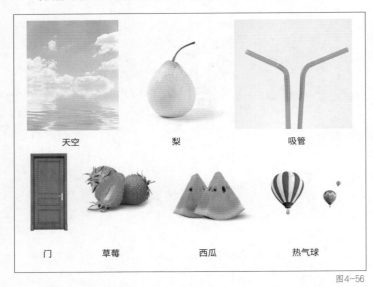

天空　　　　　梨　　　　　吸管

门　　草莓　　　西瓜　　　热气球

图4-56

图4-57

下面讲解本案例的制作要点。

1. 搭建背景

新建文档，将天空素材置入文档，并将其调节至合适大小。绘制矩形选区并羽化，制作天空与背景的合成过渡效果，如图4-58和图4-59所示。

图4-58   图4-59

2. 抠出主体图像

　　使用快速选择工具创建选区，并选择"选择并遮住"命令，抠出梨，为了使图像底部与背景融合得更自然，将梨的投影部分也一起抠出，效果如图4-60所示。

图4-60

3. 将素材置入背景

　　将抠好的梨置入背景，使用对象选择工具抠出吸管，效果如图4-61所示，并将其置于梨的顶端，替换梨的果蒂，效果如图4-62所示。

4．添加其他元素

　　将已经抠好的门置于梨的前方，效果如图4-63所示，同时使用快速选择工具将草莓抠出，抠取方法与抠梨的方法相同。将草莓置于梨的后面，效果如图4-64所示。

　　将西瓜和热气球素材直接置入文档，调整其大小和位置，最终效果和图层结构如图4-65所示。

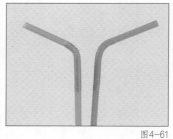

图4-61

图4-62

图4-63

图4-64

图4-65

练习题

1. 选择题

（1）以下选区工具中属于选框工具的是（　　　）。

A．套索工具　　　　　　　B．椭圆工具　　　　　　C．魔棒工具　　　D．对象选择工具

（2）在 Photoshop 中能够快速对不规则图像进行选取的选区工具是（　　　）。

A．快速选择工具　　　　　B．对象选择工具　　　　C．魔棒工具　　　D．矩形选框工具

（3）在绘制一个选区后，怎样把与选区颜色相近的区域快速地一起选择？（　　　）

A．选择魔棒工具，按住 Shift 键，再单击与选区颜色相近的区域

B．选择"选择"→"扩大选区"命令

C．选择对象选择工具，按住 Shift 键，再次框选图像

D．使用快速选择工具对相似区域进行选择

参考答案：（1）B；（2）A、B；（3）A。

2. 判断题

（1）魔棒工具与快速选择工具最大的相似点就是能够对颜色单一、对比强烈的图像进行快速选取。（　　　）

（2）套索工具一般用于创建不规则的多边形选区，如三角形等选区。（　　　）

参考答案：（1）×；（2）×。

3. 操作题

使用图4-66所示的图片素材，进行海报设计。本题用于帮助读者巩固使用选区抠图的方法，最终效果如图4-67所示。

海报大小是1080×1920像素。

分辨率是72像素/英寸。

颜色模式是RGB 颜色模式。

图4-66

图4-67

操作提示

　　步骤1　置入天空素材和河塘素材，搭建基础背景。

　　步骤2　用魔棒工具抠出木门并缩放至合适大小。

　　步骤3　将抠好的水果图片置入画面，将西蓝花、白菜等用魔棒工具抠出，并按照前后关系将它们调整到合适的大小和位置。

　　步骤4　用套索工具与"选择并遮住"命令抠出毛豆，并将其置入画面中。置入船桨，为了模拟船桨在水中的效果，用选框工具框选船桨下方，按Shift+F6快捷键对选区进行羽化（"羽化"值设置为6～10px（px指像素）），并按Delete键删除选区中的船桨，得到半透明效果。复制一个船桨，组合出双桨。

　　步骤5　置入云朵素材，模拟云雾缭绕的效果。

第 **5** 课

颜 色 填 充

在进行绘制图形、修饰图像等操作时，经常需要进行颜色填充。Photoshop提供了非常出色
的颜色填充方法，本课主要讲解纯色填充、渐变填充、图案填充和锁定透明像素填充颜色的
方法。

本课知识要点：
- 纯色填充；
- 渐变填充；
- 图案填充；
- 锁定透明像素填充颜色。

第1节　纯色填充

当需要对整个画布或指定区域填充纯色时，可以通过快捷键或者填充工具等为图像上色。

知识点 1　颜色设置

用户可以通过Photoshop的工具箱底部的前景色和背景色按钮█设置需要的颜色。

默认情况下，前景色为黑色，背景色为白色，如图5-1所示。

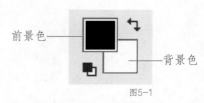

图5-1

单击前景色和背景色图标，打开拾色器即可设置它们的颜色。此时，将鼠标指针移动到拾色器之外，在图像任意区域单击，可以拾取图像上的颜色，如图5-2所示。

单击"切换前景色和背景色"↰按钮或按快捷键X，可以互换前景色与背景色。单击"默认前景色和背景色"█按钮或按快捷键D，可以将它们恢复为系统默认的黑色和白色。

另外，可以在右侧的"颜色"面板和"色板"面板中的颜色上单击来设置前景色和背景色，如图5-3所示。

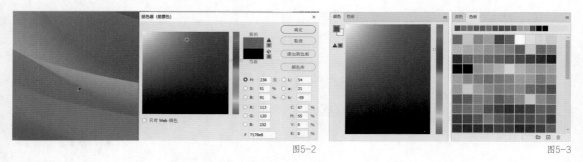

图5-2　　　　　　　　　　　　　　　　　　　　　　图5-3

知识点 2　颜色填充

设置好颜色后，新建选区或图层，按Alt+Delete快捷键可以填充前景色，按Ctrl+Delete快捷键可以填充背景色。

另外，在Photoshop中选择"编辑"→"填充"命令或按Shift+F5快捷键，在弹出的"填充"对话框中设置"内容"为"前景色"或"背景色"，单击"确定"按钮，也可进行颜色的填充，如图5-4所示。

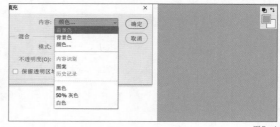

图5-4

第2节　渐变填充

在设计工作中多用渐变色进行背景的填充，在绘制图形时也可以通过渐变色来丰富画面。

本节主要讲解渐变色的编辑和渐变填充样式。

知识点1 渐变色的编辑

在进行渐变填充前，需要先进行渐变色的设置。在工具箱中选择渐变工具 ■ 后，可在上方属性栏中进行渐变色和渐变填充样式的选择，如图5-5所示。

图5-5

默认情况下，渐变色条 ■ 显示的是从前景色到背景色的渐变。单击渐变色条，可以打开"渐变编辑器"对话框。在"预设"选项组中，可以看到系统提供的渐变类型。但在设计时多通过"渐变编辑器"对话框自定义渐变类型。

渐变色条上的4个色标分别控制起始位置和结束位置的颜色及不透明度。上方色标用于调节不透明度，下方色标用于调节渐变色，如图5-6所示。

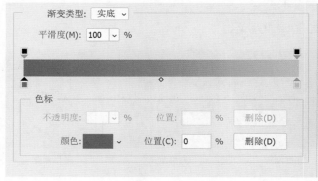

图5-6

双击色标，或单击"颜色"选项右侧的色块，打开拾色器，修改色标的颜色，如图5-7所示。

图5-7

选中一个色标，按住鼠标左键并拖曳色标，或者在"位置"文本框中输入数值，可以调整该色标的位置。拖曳两个色标之间的菱形图标，可以调整两个色标颜色的混合位置，如图5-8所示。

在渐变色条下方单击，或按住Alt键并拖曳色标，可以添加新的色标，新色标的颜色与之前选中的色标颜色相同。

选中一个色标，单击"删除"按钮，或直接向下拖曳，可以删除该色标，如图5-9所示。

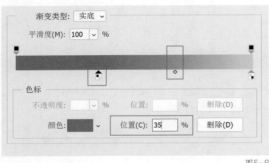

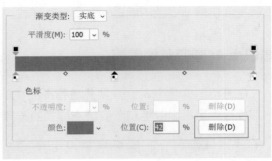

图5-8　　　　　　　　　　　　　　　　　　　　　　　　　图5-9

设置好渐变色后，在对应的图层上或选区内按住鼠标左键并拖曳，即可填充渐变色。按 Shift 键可以以45°、90°、180°等角度进行渐变色的填充。

> 提示　在"渐变编辑器"对话框中，选择预设渐变类型中的基础渐变类型，渐变色会随前景色和背景色的变化而变化。

知识点 2　渐变填充样式

默认情况下渐变填充样式为线性渐变，用户可以通过属性栏中的渐变样式按钮 设置渐变填充样式。

渐变填充样式如下。

- 线性渐变：用于创建从起点到终点的直线类型的渐变。
- 径向渐变：用于创建从起点到终点的圆形渐变。
- 角度渐变：用于创建围绕起点、按顺时针方向分布的渐变。
- 对称渐变：用于创建在起点两侧对称的线性渐变。
- 菱形渐变：用于创建从起点到终点的菱形渐变。

各渐变填充样式对应的渐变填充效果如图5-10所示。

线性渐变　　　　　　径向渐变　　　　　　角度渐变　　　　　　对称渐变　　　　　　菱形渐变

图5-10

知识点 3　其他渐变属性的设置

渐变工具属性栏中其他属性的设置如下。

- 不透明度：用于设置渐变色的整体不透明度。
- 反向：勾选该复选框，可以使渐变色顺序相反。
- 仿色：勾选该复选框，可以使渐变填充效果更加平滑。

● 透明区域：该复选框默认处于勾选状态，用来控制"渐变编辑器"对话框中不透明度
色标的设置是否有效。若勾选，则有效；若取消勾选，则无效，创建的渐变为实色渐变。

第3节 图案填充

在工作中，除了渐变填充外，有时设计师还会通过图案填充达到丰富画面、增加设计美感
的目的。

新建图层或选区后按Shift+F5快捷键，在打开的"填充"对话框中设置"内容"为"图
案"。在下方的"自定图案"下拉列表中选择想要填充的图案，单击"确定"按钮即可填充图
案，如图5-11所示。

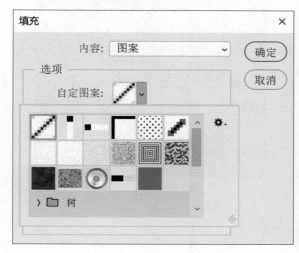

图5-11

另外，读者也可根据自己的需
求自定义图案，方法如下。

（1）新建文件，宽高任意，
"背景内容"设置为"透明"，如
图5-12所示。注意，由于画布尺
寸过小，因此此时可以放大视图。

（2）在工具箱中选择铅笔工
具 ✏️，右击画布，在打开的界
面中设置画笔大小为1像素，如
图5-13所示。

图5-12   图5-13

（3）单击画布，绘制图案，效果如图5-14所示。

（4）在Photoshop中，选择"编辑"→"定义图案"命令，在弹出的"图案名称"对话
框中，设置图案的名称，如图5-15所示，单击"确定"按钮，完成自定义图案的操作。

图5-14 图5-15

接下来，将制作好的自定义图案填充到文档中。

新建文档，宽高任意。按Shift+F5快捷键，在弹出的"填充"对话框中，选择刚制作好的自定义图案，如图5-16所示，单击"确定"按钮，效果如图5-17所示。

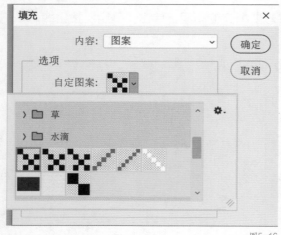

图5-16 图5-17

第4节 锁定透明像素填充颜色

在设计工作中，若想对文档中的颜色图层重新进行颜色的填充，可单击"图层"面板中的"锁定透明像素" 按钮。以为图5-18中的圆形重新填充颜色为例，选中图中大圆，单击"图层"面板上方的"锁定透明像素"按钮，选择渐变工具，设置渐变色为图5-19所示的颜色，选择线性渐变填充样式，拖曳鼠标，为大圆填充渐变色，如图5-20所示。

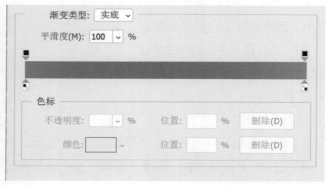

图5-18 图5-19

图5-20

除了使用"锁定透明像素"按钮实现颜色重新填充外，还可通过按住Ctrl键并单击图层的缩略图，载入图像选区，基于选区进行颜色的重新填充。

综合案例 时尚潮流海报设计

本案例使用图5-21所示的人像素材和图5-22所示的文字素材进行时尚潮流海报设计。本案例可以帮助读者巩固本课所学知识，理解并熟练掌握颜色填充的方法。最终效果如图5-23所示。

海报尺寸是1080×1920像素。

分辨率是72像素/英寸。

图5-21

图5-22

图5-23

65

1. 搭建背景

　　新建文档，在工具箱中选择渐变工具，分别设置渐变色色标的颜色为#9e3172和#31265c，如图5-24所示。设置渐变填充样式为线性渐变。为"背景"图层填充渐变色，效果如图5-25所示。

2. 制作背景中的渐变图形

　　新建空白图层，绘制圆形选区，为其填充从# ff3e3c到# fb9e0a的径向渐变，效果如图5-26所示。

图5-24　　　　　　　　　　　图5-25　　　　　　　　　　　图5-26

3. 自定义图案

　　首先，新建一个40x40像素的透明文档，具体参数设置如图5-27所示。

　　使用矩形选框工具绘制20x20像素的矩形选区，并为其填充黑色，制作出图5-28所示的图像。然后，选择"编辑"→"定义图案"命令，将其定义为图案。

　　回到时尚潮流海报文档中，新建空白图层，绘制圆形选区，并为其填充自定义图案，效果如图5-29所示。

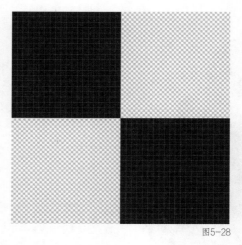
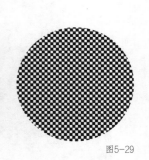

图5-27　　　　　　　　　　　图5-28　　　　　　　　图5-29

4. 添加其他装饰元素

　　使用选区工具和渐变工具等绘制其他装饰元素并添加到画面中，适当美化画面中的元素，效果如图5-30所示。

5. 置入人物与文字素材

　　依次将人物素材与文字素材置入文档，并将它们调整至合适位置，如图5-31所示。

图5-30

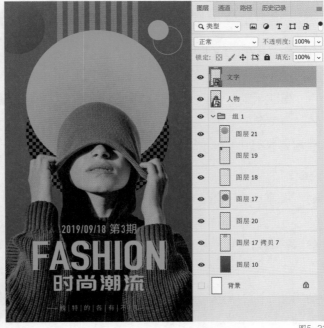

图5-31

练习题

1. 选择题

（1）下列选项中哪个是填充前景色的快捷键？（　　　）

A. Alt+Delete
B. Ctrl+Delete
C. Shift+Alt+Delete
D. Shift+ Ctrl +Delete

（2）下列哪种渐变填充样式填充的颜色具有对称渐变效果？（　　　）

A. 线性渐变
B. 对称渐变
C. 角度渐变
D. 径向渐变

参考答案：（1）A；（2）B。

2. 判断题

（1）图案填充不属于颜色填充。（　　　）

（2）不同的填充样式不能同时运用在同一个文档中。（　　　）

参考答案：（1）×；（2）×。

3. 操作题

　　使用图5-32所示的人物素材和图5-33所示的文字素材，制作人物海报。本题用于帮助读者巩固之前所学的海报操作的制作方法，最终效果如图5-34所示。

　　海报大小是1080×1920像素。

　　分辨率是72像素/英寸。

图5-32

图5-33

图5-34

操作提示

　　步骤1 使用渐变工具为背景填充线性渐变，渐变色可参考人物衣服颜色进行设置。

　　步骤2 使用椭圆选框工具、矩形选框工具绘制装饰元素，可为元素填充渐变色、纯色等，也可定义图案来丰富画面。

　　步骤3 将文字素材上下排版，置入文字素材时注意人物素材在画面中的位置。

第 **6** 课

绘 图 工 具

形状工具、钢笔工具、画笔工具等是Photoshop中常用的绘图工具，其中形状工具和钢笔工具为矢量工具。当使用这些工具绘制形状时，会生成锚点和路径。通过生成的路径与锚点可以绘制线和面，针对绘制的线与面可以进行颜色的填充和形态的调整，从而实现对图像的更多操作。

本课主要讲解常用绘图工具的使用方法及技巧。

本课知识要点：

- 形状工具组；
- 钢笔工具组；
- 画笔工具；
- 橡皮擦工具组。

第1节 形状工具组

形状工具组中的工具用于绘制基本的形状，其中包括矩形工具、椭圆工具、三角形工具（Photoshop 2023新增的工具）、多边形工具、直线工具和 自定义形状工具。下面详细讲解这些工具的使用技巧。

知识点1 矩形工具

Photoshop 2023将矩形工具和圆角矩形工具合并在一起，使用矩形工具 □ 可以绘制直角矩形和圆角矩形。在工具箱中选择矩形工具，在画布中拖曳或直接在画布上单击都能绘制矩形。

在画布中拖曳可以绘制任意大小的矩形，在拖曳时按住Shift键，可绘制正方形。按Shift+Alt快捷键，可绘制由中心开始的正方形。绘制时会弹出"属性"面板，如图6-1所示。可通过输入数值或在任意角半径图标处拖曳来调整角半径的大小，也可取消链接，只对某个角进行角半径的调整。在选择矩形工具的状态下，将鼠标指针移到角点位置，可通过拖曳调整角半径的大小，如图6-2所示。

> **注意** 形状自由变换或扭曲变形后角半径不可调整。

图6-1

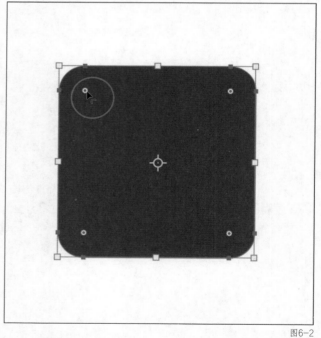

图6-2

在画布上单击，弹出"创建矩形"对话框，如图6-3所示，在该对话框中，设置矩形宽度、高度与角半径的大小，单击"确定"按钮即可创建指定大小的矩形或圆角矩形。

选择矩形工具后，可以在属性栏中设置矩形工具与矩形的相关属性，如图6-4所示。

属性栏中的主要属性介绍如下。

图6-3

● 工具模式（ 形状 ）：用于设置矩形工具的绘制模式。若选择"形状"模式，将生成矢量形状，并产生新的形状图层；若选择"像素"模式，会生成以前景色填充的矩形区域；若选择"路径"模式，则只能生成路径。3种模式的绘制效果如图6-5所示。

图6-4

图6-5

● 填充（ ■ ）：单击该按钮，在弹出的对话框中，可以设置矩形的填充颜色及填充类型。

● 描边（ □ ）：单击该按钮，在弹出的对话框中，可以设置矩形的描边颜色及描边类型。

● 描边宽度（ ）：在文本框中输入数值，或单击右侧的下拉按钮，可在弹出的下拉列表中设置矩形描边的宽度。

● 描边线型（ —— ）：单击右侧的下拉按钮，在弹出的下拉列表中，可以对描边的线型进行设置。

● 矩形宽高（W和H）：在文本框中输入数值，或将鼠标指针放在字母"W"或"H"上并拖曳，可以设置矩形的宽度和高度。

● 角半径（ 16像素 ）:用于设置矩形四角的角半径的大小。

除属性栏外，在绘制完成后，界面右侧会自动弹出"属性"面板，如图6-6所示，可以通过"属性"面板重新设置矩形的相关属性。单击"蒙版" ■ 按钮，拖曳"羽化"选项下方的滑块可得到边缘具有羽化效果的形状，如图6-7所示。

图6-6

图6-7

知识点 2　椭圆工具

椭圆工具 ◯ 用来绘制椭圆或圆形，其使用方法与矩形工具相同。选择该工具后在画布中拖曳可以绘制任意大小的椭圆；在拖曳时按住 Shift 键，可绘制圆形；按 Shift+Alt 快捷键，可绘制由中心开始的圆形。在画布中单击，弹出"创建椭圆"对话框，在其中可以设置具体的宽高值，从而绘制指定大小的椭圆或圆形。

知识点 3　三角形工具

三角形工具 △ 的使用方法与矩形工具的相同。选择该工具后在画布中拖曳可以绘制任意大小的三角形。在拖曳时按住 Shift 键，可绘制等边三角形；按 Shift+Alt 快捷键，可绘制由中心开始的等边三角形。在选择三角形工具的状态下将鼠标指针移到三角形的顶点位置可调节三角形的尖角为圆角，如图 6-8 所示。在右侧的"属性"面板中可进行三角形角半径的调节，对于三角形，只有一个角半径设置选项，如图 6-9 所示，修改时 3 个角半径同时改变。

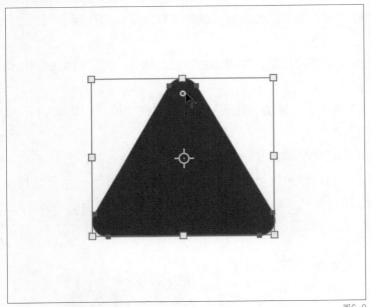

图6-8

图6-9

知识点 4　多边形工具

使用多边形工具 ◯ 可以绘制多边形或星形。选择工具箱中的多边形工具，默认情况下绘制五边形。在"属性"面板的"边"（⊕）文本框中，可以设置多边形的边数。

图6-10

在绘制多边形后会弹出"属性"面板。除了与矩形工具的"属性"面板中相同的属性设置外，该面板中还增加了一些属性设置，如图6-10所示。拖动⊕右侧的滑块可改变多边形的边数，调节⌐右侧的数值可使多边形尖角变为圆角，调整⬠右侧的百分比数值可调整多边形为星形，若勾选"平滑星形缩进"复选框，可调整星形夹角为平滑的拐角，如图6-11所示。

图6-11

知识点 5 直线工具

直线工具╱用于绘制直线。选择工具箱中的直线工具，默认情况下，可以绘制任意的直线。在属性栏的"粗细"文本框中，可以设置直线的粗细。绘制时，按住Shift键可绘制0°（水平）、90°（垂直）、45°或135°方向的直线。

单击⚙按钮，在展开的设置面板中，勾选"箭头"选项组中的"起点"或"终点"复选框，可绘制出带有箭头的直线。

知识点 6 自定义形状工具

Photoshop 2023提供了许多预设的形状。选择自定义形状工具⚐，单击属性栏中"形状"右侧的下拉按钮，在弹出的下拉列表中可以选择需要的形状，如图6-12所示。在绘制自定义形状时，按住Shift键，可以绘制等比例的形状。

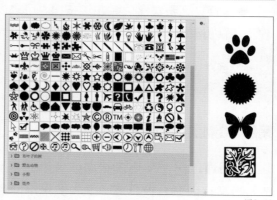

图6-12

知识点 7 编辑形状

形状绘制完成后，当需要对形状进行精细调整时，可以使用路径选择工具和直接选择工具。

使用路径选择工具 ▶ 单击形状可选择该形状的路径，并可以移动整个形状路径。按住Alt
键可对选中的路径进行移动复制或自由变换。

直接选择工具 ▷ 可以调整路径上的锚点。
选择直接选择工具，框选所需的锚点并拖动，
可以移动所选锚点，按Delete键可以删除所
选锚点，如图6-13所示。

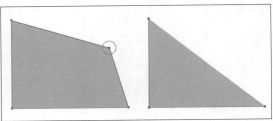

图6-13

在形状工具组中工具的属性栏中可以通
过共有的按钮对多个路径和形状进行布尔运算、对齐和排列，且这些按钮都需要结合路径选
择工具使用。这些按钮如下。

● 路径操作 ▣：单击该按钮，在弹出的下拉列表中，可以对所绘形状设置布尔运算法则。
  该功能仅对两个及两个以上的形状有效。设置了布尔运算法则后，再进行绘制，新形
  状将会与当前选中的形状位于同一图层，并且进行相应的布尔运算。各种布尔运算的
  效果如图6-14所示。注意，进行了布尔运算的形状图层往往包含多个形状路径，此
  时，可以使用直接选择工具选中需要调整的路径，重新调整其属性或位置。如果需要
  同时选择多个路径，可以按住Shift键并单击所需的路径。

图6-14

● 路径对齐方式 ▦：单击该按钮，可以设置形状路径的对齐方式。该功能对进行了布尔
  运算的形状图层中的两个及两个以上的路径有效。
● 路径排列方式 ▧：单击该按钮，可以设置形状路径的上下排列顺序。该功能对进行了
  布尔运算的形状图层中的形状路径有效。

提示　路径对齐方式与移动工具属性栏中的"对齐"和"分布"的作用相同，只是路径对齐方式只适用
于在同一图层中的闭合路径。

案例　绘制孟菲斯风格背景

下面通过一个案例来帮助读者巩固本节所学知识，最终效果如图6-15所示。孟菲
斯风格富有创意且极具趣味性，多采用纯色块和各种描边效果，配色多以高亮的纯色调
为主。

图6-15

下面讲解案例操作的关键点。

1. 绘制同心半圆环

新建一个任意大小的文档，选择椭圆工具，在属性栏中设置填充为"无"，设置描边颜色为黑色，粗细适当即可，然后在画布中绘制3个圆环。

先使用移动工具选中3个圆环，将它们水平、垂直居中对齐，然后使用直接选择工具将3个圆环下方的锚点删除，如图6-16所示。

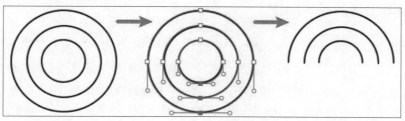

图6-16

2. 绘制点状矩阵

先使用椭圆工具绘制圆点，然后使用"自由变换"与"重复复制"命令绘制一横排圆点。选择所有的圆点图层，按Ctrl+E快捷键将它们合并为一层。再次使用"自由变换"与"重复复制"命令绘制出点状矩阵，效果如图6-17所示。

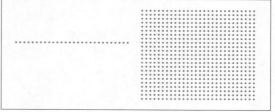

图6-17

3. 绘制点状圆形和特殊形状

绘制圆形后，在属性栏中设置填充为"图案"，然后选择点状图案，如图6-18所示。选择自定形状工具，在属性栏的"形状"下拉列表中选择波浪线形状。绘制完成后，使用直接选择工具选中两根波浪线并将其删除，如图6-19所示。

75

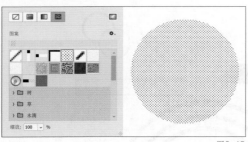

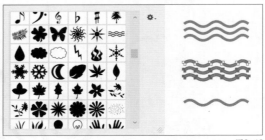

图6-18

图6-19

4.绘制砖形图案

使用直线工具与矩形工具绘制直线段与矩形，并调整它们的位置，将它们组合成砖形图案。

第2节　钢笔工具组

基本形状工具无法处理图像细节，而钢笔工具可用于绘制任意的形状和曲线，从而完成一些基本形状工具不能完成的工作，实现对图像的精细处理。钢笔工具组还提供了添加锚点工具、删除锚点工具和转换点工具等。在钢笔工具组中，钢笔工具、自由钢笔工具和弯度钢笔工具用于创建形状与路径，添加锚点工具、删除锚点工具和转换点工具用于调整路径。

知识点 1　钢笔工具的基本操作

钢笔工具的属性栏与形状工具的属性栏类似，在绘制形状时，通常在工具模式下拉列表中选择"形状"模式，在抠图时，通常选择"路径"模式。下面介绍钢笔工具的使用方法。

- 绘制直线路径：使用钢笔工具在画布中单击，生成直线锚点，再次单击即可生成直线路径。按住Shift键单击，可以创建0°（水平）、90°（垂直）、45°或135°方向的直线路径。按BackSpace键可以返回上一个锚点。按Enter键可以结束绘制，效果如图6-20所示。

- 绘制曲线路径：在画布中单击并拖曳，可得到带手柄的曲线锚点，再次单击并拖曳，可生成曲线路径，效果如图6-21所示。

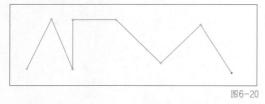

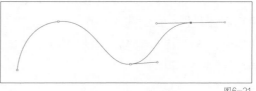

图6-20

图6-21

- 绘制封闭路径：若使用钢笔工具绘图，当起始锚点和结束锚点重合时，可生成封闭路径，如图6-22所示。

- 添加锚点：在使用钢笔工具绘图时，将鼠标指针放到路径上，会自动切换到添加锚点

工具 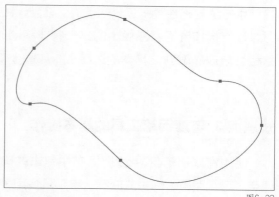，此时在路径上单击可添加新的锚点。

- 删除锚点：当使用钢笔工具绘图时，将鼠标指针放到锚点上，会自动切换到删除锚点工具，此时单击可删除锚点。
- 转换锚点：当使用钢笔工具绘图时，按住Alt键，可切换到转换点工具 。此时，拖动曲线锚点的手柄，可以

调整单侧曲线的方向及长度，如图6-23所示；单击曲线锚点，可将其转换为直线锚点，或删除其单侧手柄，如图6-24所示；拖曳直线锚点，可将其转换为曲线锚点，如图6-25所示。

图6-22

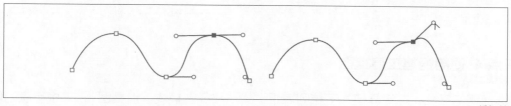

图6-23

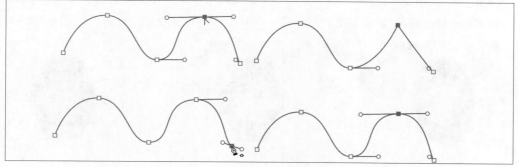

图6-24

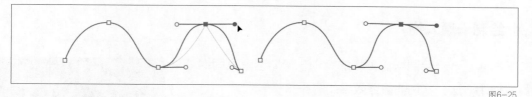

图6-25

- 移动锚点：当使用钢笔工具绘图时，按住Ctrl键可切换到直接选择工具，此时，可以移动锚点和调整曲线的方向及长度。

知识点2 自由钢笔工具的基本操作

使用自由钢笔工具 在画布中拖曳即可绘制路径。勾选属性栏中"磁性的"复选框后，

其使用方法与磁性套索工具的类似。在创建路径时，当鼠标指针沿着图像中的某个物体移动时，路径会自动吸附到该物体的边缘上，如图6-26所示。

图6-26

知识点 3　弯度钢笔工具的基本操作

使用弯度钢笔工具 在画布中单击并确定两点，可在两点之间生成曲线。该工具多用于抠取边缘复杂的图像。绘制直线路径后，在路径上添加锚点，直接拖曳路径上的锚点，即可得到曲线效果，再次绘制时会自动出现曲线效果。在锚点上双击可以对曲线锚点和直线锚点进行转换，如图6-27所示。

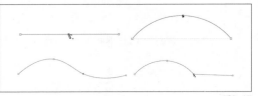

图6-27

知识点 4　使用钢笔工具抠图

选择钢笔工具，在工具模式下拉列表中选择"路径"模式。沿着图6-28中手表的轮廓建立封闭路径。当路径闭合后，按Ctrl+Enter快捷键可将路径转换为选区，如图6-29所示。此时，按Ctrl+J快捷键，复制选区内的图像，可将手表从背景中抠取出来，如图6-30所示。

图6-28

图6-29

图6-30

案例　绘制卡通人物

下面通过一个绘制卡通人物的案例，帮助读者巩固钢笔工具的使用方法。案例的最终效果如图6-31所示。

1.　绘制头部

使用椭圆工具绘制人脸的基本形状，并为其填充肤色。选择钢笔工具，设置工具模式为"形状"模式，绘制人物头顶的头发轮廓，使用弯度钢笔工具调整轮廓细节，再给人物头顶的头发填充线性渐变。使用同样的方法绘制人物的发束和耳朵，绘制一边并通过复制、翻转得到另一边。绘制过程如图6-32所示。

图6-31

2．添加脸部细节

　　选择钢笔工具，在属性栏中关闭填充，设置描边色，在描边类型列表中，将描边的端点设置为圆头，绘制人物的眉毛。使用椭圆工具与布尔运算绘制人物的眼睛、鼻子和嘴巴等，使用"属性"面板中的"羽化"选项美化人物脸部的腮红。绘制完成的效果如图6-33所示。

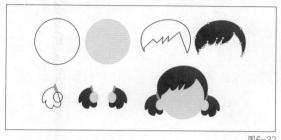

图6-32　　　　　　　　图6-33

3．绘制人物的身体和服饰

　　使用椭圆工具绘制人物的脖子，使用钢笔工具绘制人物的衣服。绘制一条胳膊后，将其复制并水平翻转，得到另一条胳膊，使用直接选择工具和转换点工具调整路径的细节。使用"重复复制"命令绘制人物衣服上的图案。使用钢笔工具绘制人物的腿，使用布尔运算绘制人物的鞋子，复制绘制好的腿和鞋子并翻转得到另一边的腿和鞋子，将所有部分组合在一起。绘制过程如图6-34所示。

图6-34

第3节　画笔工具

　　画笔工具用于绘图、修改像素等。Photoshop 2023提供了种类丰富的预设画笔，使绘图变得更加随心所欲。画笔工具组包括画笔工具、铅笔工具、颜色替换工具和混合器画笔工具，其中画笔工具最常用。本节主要讲解画笔工具的使用方法。

知识点 1　画笔工具的基本设置

　　选择画笔工具 ，在画布中单击并拖曳，即可以对前景色进行绘制。在属性栏中可设置画笔的相关属性，如图6-35所示。

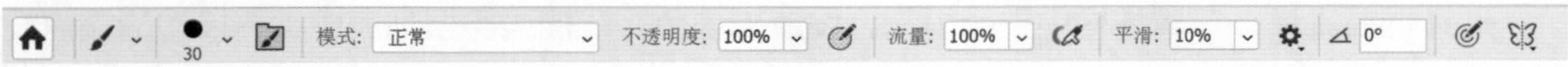

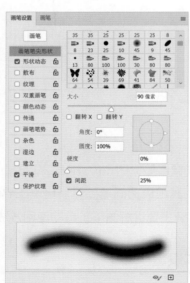

图6-35

画笔工具属性栏中常用的选项如下。

- 画笔预设选取器按钮（ ）：单击该按钮，在弹出的下拉列表中可设置画笔的大小、硬度和样式。
- 切换"画笔设置"面板的按钮（ ）：单击该按钮可以打开"画笔设置"面板。
- 模式：在该下拉列表中可以选择画笔与图像的混合模式，默认为"正常"。
- 不透明度：用来设置画笔的不透明度，数值越小，笔触越透明，数值越大，笔触越清晰、明显。
- 流量：用于调节画笔的笔触密度。数值越小，笔触密度越小；数值越大，笔触密度越大。
- "启用画笔压力"按钮（ ）：该按钮需要配合手绘板使用，用户在使用手绘板绘图时，单击该按钮后，可以模拟真实的手绘效果。

提示　选择画笔工具，右击画布，可打开"画笔设置"面板，设置画笔的大小、硬度和样式。按] 键可以放大画笔，按 [键可以缩小画笔。按键盘上的数字键可以调整画笔的不透明度，例如，按1键，画笔的不透明度变为10%。

知识点 2　"画笔设置"面板

"画笔设置"面板用于对画笔进行设置。用户不仅可以设置画笔的大小和旋转角度等基本参数，还可以设置画笔的多种特殊外观。

选择画笔工具，单击属性栏中切换"画笔设置"面板的按钮，在界面右侧会弹出"画笔设置"面板，如图6-36所示。

默认显示"画笔笔尖形状"选项组，在选项组中，除了调整画笔的大小及硬度外，还可以通过"间距"控制画笔笔触间的距离，如图6-37所示。"角度"和"圆度"用于调整笔触的方向与圆度，如图6-38所示。

若勾选"形状动态"复选框，显示"形状动态"选项卡，如图6-39所示。在该选项卡中可以设置画笔的大小抖动、控制、最小直径、倾斜缩

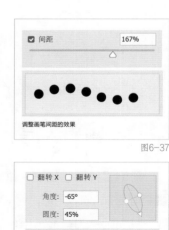

调整画笔间距的效果

图6-37

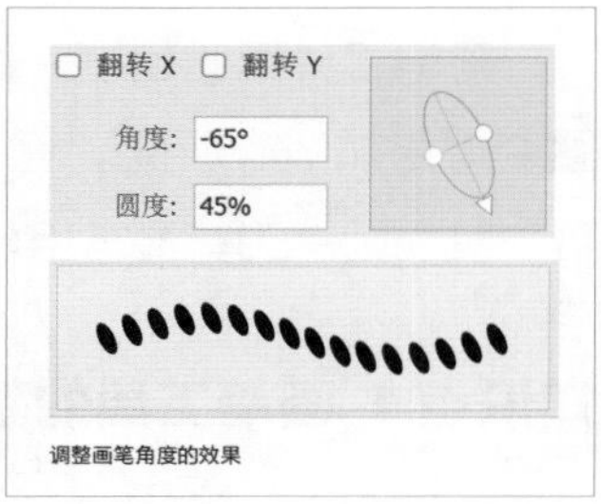

调整画笔角度的效果

图6-38

图6-36

放比例、角度抖动、圆度抖动和最小圆度等属性。工作中常用的选项是"大小抖动"和"角度抖动"。"大小抖动"用于控制笔触大小的变化，数值越大，笔触的大小差异越明显。"角度抖动"用于控制笔触角度的变化，数值越大，角度变化越大；当笔触为非圆形时，可以观察到效果。调整"大小抖动"与"角度抖动"值的效果如图6-40所示。

图6-39

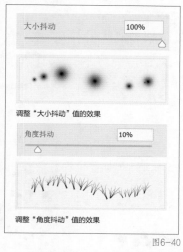

图6-40

　　若勾选"散布"复选框，显示"散布"选项组，如图6-41所示。在该选项组中可以设置画笔的散布、数量和数量抖动等属性。工作中常用的是"散布"选项。"散布"数值越大，笔触散开的范围越大。勾选"两轴"复选框可使笔触散布得更集中，如图6-42所示。

图6-41

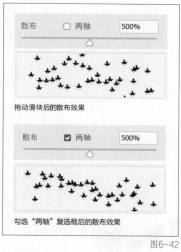

图6-42

　　若勾选"颜色动态"复选框，显示"颜色动态"选项组，如图6-43所示。"前景/背景抖动"用于控制笔触根据前景色和背景色变化的程度。勾选"应用每笔尖"复选框后，绘制出的每个笔触颜色都不同。"色相抖动"用于控制笔触色相变化的程度。"饱和度抖动"用于控制笔触饱和度变化的程度。"亮度抖动"用于控制笔触亮度变化的程度。"纯度"用于控制笔触颜色的浓淡。不勾选"应用每笔尖"复选框、勾选"应用每笔尖"复选框，以及调节"色相抖动"、调节"饱和度抖动"、调节"亮度抖动"、调节"纯度"的效果如图6-44所示。

　　若勾选"传递"复选框，显示"传递"选项组，如图6-45所示。调节"不透明度抖动"

和"流量抖动"的效果差别不大，如图6-46所示。"不透明度抖动"的数值越大，不透明度变化越明显。

> **提示** 若要复位画笔设置，可单击"画笔设置"面板右上角的 ≡ 按钮，选择"复位所有锁定设置"命令，并将"画笔笔尖形状"选项组中的"间距"调回到1%。

图6-43

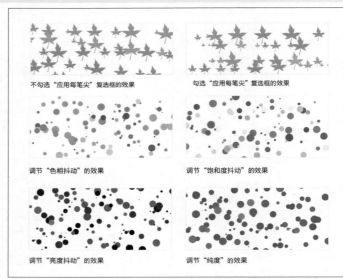

图6-44

图6-45

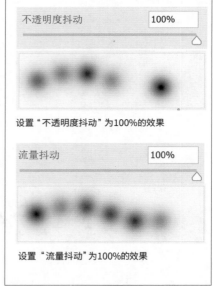

图6-46

知识点 3　使用画笔工具描边路径

除了具有绘图功能外，画笔工具还可以与路径结合制作出特殊图像效果。常用钢笔工具绘制曲线路径，并选择合适的画笔笔触对路径进行描边效果的添加。具体操作如下。

新建一个任意大小的文档，使用钢笔工具绘制曲线路径。新建图层并选中此图层，选择画笔工具，设置画笔笔尖形状为柔边圆，并设置画笔的大小为10像素。打开"路径"面板，选中绘制的路径图层并右击，在弹出的快捷菜单中选择"描边路径"命令，在弹出的对话框中设置"工具"为"画笔"，单击"确定"按钮，可沿路径生成粗细为10像素的线条，如图6-47所示。

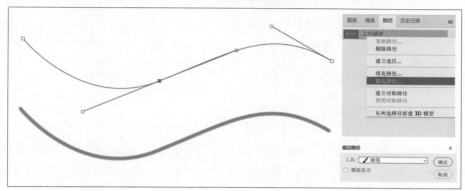

图6-47

绘制好路径后，在属性栏中单击"启用画笔压力"按钮或者在"画笔设置"面板中勾选"形状动态"复选框，将"大小抖动"下的"控制"选项设置为"钢笔压力"。打开"路径"面板，选中绘制的路径图层并右击，在弹出的快捷菜单中选择"描边路径"命令，在弹出的"描边路径"对话框中设置"工具"为"画笔"，并勾选"模拟压力"复选框，单击"确定"按钮，可得到两头有收缩尖角效果的曲线，如图6-48所示。

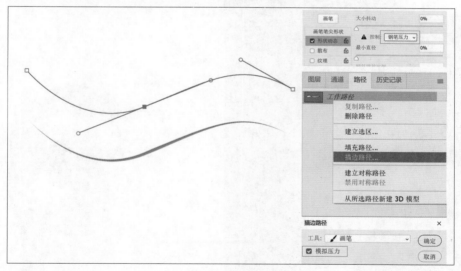

图6-48

> 提示　绘制好路径后，新建图层并选择画笔工具，设置画笔笔尖形状和画笔的大小后，按Enter键可快速实现用画笔描边路径的效果。

第4节　橡皮擦工具组

在进行图像绘制的过程中，当需要对图像进行修改或擦除时，可以使用橡皮擦工具。橡皮擦工具组包括橡皮擦工具、背景橡皮擦工具、魔术橡皮擦工具。下面分别进行讲解。

知识点 1　橡皮擦工具

选择橡皮擦工具 ，直接在图像上涂抹即可擦除图像。当被擦除的图层为背景图层时，被擦除的部分会显示背景色。当被擦除的图层为普通像素图层时，被擦除的部分将变为透明区域。橡皮擦工具的属性设置方法与画笔工具相同，此处不赘述。

知识点 2　背景橡皮擦工具

背景橡皮擦工具 用于擦除当前图层中指定的颜色区域，被擦除的部分将变为透明区域。

当使用背景橡皮擦工具时，需要先在图像中单击，以对要擦除的颜色进行取样，然后反复在图像中进行涂抹，颜色与被取样的颜色相同的区域将会被擦除，如图6-49所示。

图6-49

知识点 3　魔术橡皮擦工具

魔术橡皮擦工具 用于擦除图像中颜色相近的区域，被擦除的部分将变为透明区域。与魔棒工具类似，在属性栏中设置好"容差"，在需要擦除的区域单击，与单击处颜色相近的区域将被擦除掉，如图6-50所示。

图6-50

综合案例 风景插画绘制

本案例将结合风景图像（见图6-51）进行风景插画的绘制。通过绘制风景插画，读者可以巩固绘图工具的操作技巧。

文档大小是1920×1080像素。

分辨率是72像素/英寸。

颜色模式是RGB颜色模式。

1. 寻找灵感

在绘制插画时，可以先从一些摄影作品中寻找灵感，结合实物照片确定画面布局，然后结合想要绘制的风格的其他插画作品确定作品的风格。本案例中要绘制的插画作品布局参考图6-51，风格借鉴图6-52。

图6-51

图6-52

2. 绘制基础图像

为背景填充渐变色，使用钢笔工具和形状工具描摹摄影图片，提取插画内容，效果如图6-53所示。

3. 调整画面色彩

参考图6-52的风格和配色，调整房屋与灯塔的颜色，效果如图6-54所示。

图6-53　　　　　　　　　　　　　　　　　　　　图6-54

4.丰富画面的明暗细节

　　使用钢笔工具为堤坝和水中的石头等添加阴影与高光色块，补充画面细节，效果如图6-55所示。

5.添加其他细节

　　使用钢笔工具和椭圆工具绘制天空中的云彩与水面的波纹等，效果如图6-56所示。

图6-55　　　　　　　　　　　　　　　　　　　　图6-56

6.绘制树木和飞鸟

　　为了使画面更加灵动、色彩更加丰富，添加一些树木和飞鸟作为装饰元素，效果如图6-57所示。

图6-57

练习题

1. 选择题

（1）下列哪些操作可以为形状图层进行颜色的填充？（   ）

A. 按Alt+Delete快捷键

B. 按Ctrl+Delete快捷键

C. 双击形状图层的缩略图，通过弹出的拾色器填充颜色

D. 在属性栏中单击"填充"按钮

（2）要在直线锚点和曲线锚点之间进行转换，可以使用（   ）工具。

A. 转换点   B. 添加锚点   C. 自由钢笔   D. 删除锚点

（3）在使用钢笔工具的过程中，按住（   ）键可以切换到直接选择工具。

A. Shift   B. Ctrl   C. Alt   D. Enter

参考答案：（1）A、B、C、D；（2）A；（3）B。

2. 判断题

（1）使用矩形工具绘制的矩形，不可以再修改大小，也不可以再设置圆角。（   ）

（2）选择进行布尔运算后的图形，在属性栏的"路径操作"下拉列表中选择"合并形状组件"选项，可使多个路径合并为一个。（   ）

参考答案：（1）×；（2）√。

3. 操作题

参考风景照片（见图6-58），绘制风景插画。风格可参考图6-59（此图仅用于风格借鉴，并不是最终效果图）。

文档尺寸是1920×1080像素。

分辨率是72像素/英寸。

颜色模式是RGB颜色模式。

图6-58

图6-59

操作提示

步骤1 参照摄影图片，使用钢笔工具和形状工具绘制插画中的基本元素并确定主色调。

步骤2 使用钢笔工具和直接选择工具，补充房子的细节。

步骤3 使用布尔运算和直接选择工具为地面添加明暗细节。

步骤4 使用钢笔工具和形状工具添加云朵与一些线条细节。

步骤5 使用钢笔工具和形状工具为画面增加装饰元素，如飞鸟等。

第 **7** 课

文 字 工 具

文字是设计中最重要的元素之一，它不仅具有说明设计意图的作用，还具有美化版面的作用。使用文字工具可以进行很多与文字有关的设计，包括字体设计、文字特效设计、图文排版设计等。本课将详细讲解文本的输入方式和文字工具的使用技巧。

本课知识要点：

- 点文本；
- 段落文本；
- 路径文本；
- 区域文本；
- 将文字转换成形状。

第1节 点文本

文本的类型有点文本、段落文本、路径文本和区域文本。文字工具的功能是输入文本，文字工具组中包括横排文字工具 **T**、直排文字工具 **IT**、直排文字蒙版工具 **IT** 和横排文字蒙版工具 **T**。下面详细讲解这些工具的使用方法。

知识点 1 点文本的输入与编辑

横排文字工具和直排文字工具是较常用的文字工具。横排文字工具用于输入沿水平方向排列的文本，而直排文字工具用于输入沿垂直方向排列的文本。

在工具箱中选择横排文字工具或直排文字工具后，在画布上单击即可开始输入一行或一列文本，这类文本被称为点文本，如图7-1所示。

图7-1

在输入文字时，将鼠标指针移到文本外侧空白位置时，当鼠标指针切换为移动工具图标时，即可移动文字。

在属性栏中单击"切换文字取向" **IT** 按钮，可以改变文本的方向。单击"创建文字变形" **工** 按钮，在弹出的"变形文字"对话框中，可以设置文本的变形样式及变形程度，如图7-2所示。

图7-2

单击属性栏中的"确定" ✓ 按钮或按Ctrl+Enter快捷键可以结束输入。单击"取消" Ⓞ

按钮或按Esc键，可以取消当前输入。

结束文本的输入后，可以在属性栏中设置文字的字体、字号、颜色等，如图7-3所示。

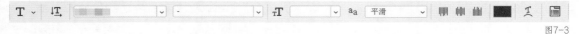

图7-3

知识点2　"字符"面板

选择文字工具，单击属性栏中的 ▤ 按钮，可以打开"字符"面板，如图7-4所示。在"字符"面板中可设置更多的文字属性。

图7-4

"字符"面板中常用的属性如下。

- 字体：用于为选中的文字设置相应的字体。
- 字号 ⊤：用于设置文字的大小。在文本框中输入数值，或在字号图标上拖曳都可以调整文字的大小。当文本处于编辑状态时，选中文字，按Ctrl+Shift+>快捷键可以增大字号，按Ctrl+Shift+<快捷键可以减小字号。
- 行间距 ⊼：用于设置多行文本行与行之间的距离。工作中，通常设置行间距为字号的1.5~2倍，设置前后如图7-5所示。当文本处于编辑状态时，选中文字，按Alt+↑快捷键可以减小行距，按Alt+↓快捷键可以增大行距。

图7-5

● 所选字符间距 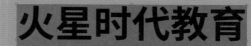：当文本处于编辑状态时，可以设置选中字符之间的距离，如图7-6所示。按Alt+←快捷键，可以缩小字间距；按Alt+→快捷键，可以增大字间距。

图7-6

● 颜色：单击右侧的色块，可以打开拾色器，修改文字的颜色。
● 特殊样式设置按钮：用于设置文字效果，如仿粗体、仿斜体和全部大写字母等，效果如图7-7所示。
● 消除锯齿 aa：默认为"锐利"或"平滑"，当选择"无"时，文字会出现锯齿，其他效果的差别并不明显。当文字字号很小时，选择"无"可以使文字更加清晰，如图7-8所示。

图7-7

图7-8

知识点 3 文字蒙版工具

使用文字蒙版工具可以创建无颜色填充的选区。选择横排文字蒙版工具或直排文字蒙版工具，在画布中单击，输入文字，结束输入后，会形成文字选区，可以为选区填充颜色或图案，如图7-9所示。

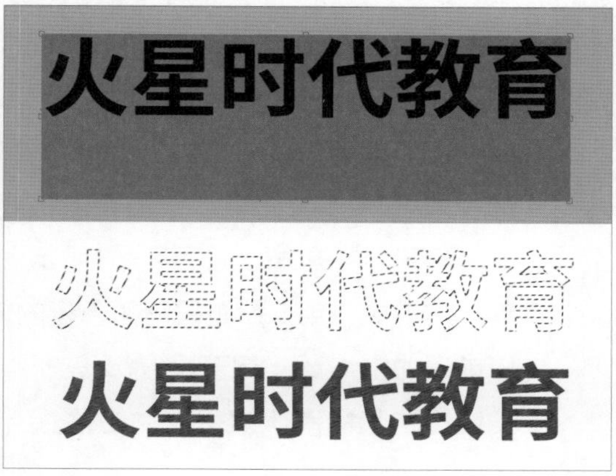

图7-9

第2节 段落文本

当需要输入大段文本时，可以创建段落文本，下面对其进行介绍。

知识点 1 段落文本的输入与编辑

选中文字工具，在画布上拖曳鼠标指针可以绘制矩形文本框，可在其中输入段落文本，如图 7-10 所示。

将鼠标指针移到文本框的边缘上，当鼠标指针变为双向箭头时拖曳，可以调整文本框的大小，文本内容可自动适应文本框的变化。当文本框右下角出现 ⊞ 时，如图 7-11 所示，表示有溢流文本，即一部分文本无法显示。此时，将文本框调大，直到文本溢流提示图标消失，即可显示被隐藏的文本。

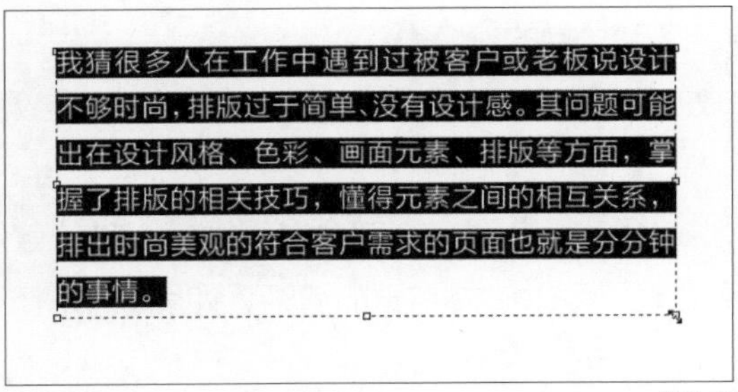

我猜很多人在工作中遇到过被客户或老板说设计不够时尚，排版过于简单、没有设计感。其问题可能出在设计风格、色彩、画面元素、排版等方面，掌握了排版的相关技巧，懂得元素之间的相互关系，排出时尚美观的符合客户需求的页面也就是分分钟的事情。

图7-10

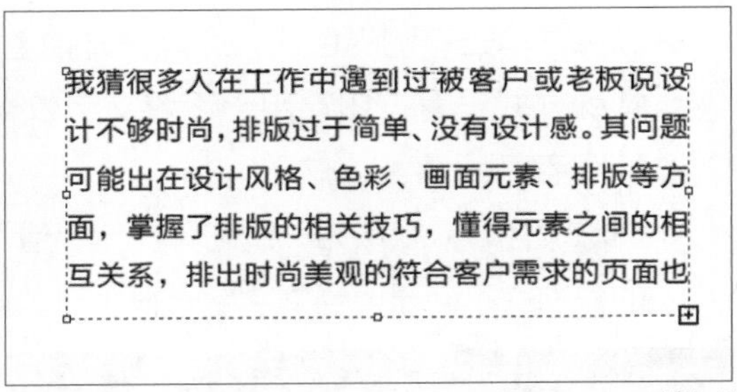

我猜很多人在工作中遇到过被客户或老板说设计不够时尚，排版过于简单、没有设计感。其问题可能出在设计风格、色彩、画面元素、排版等方面，掌握了排版的相关技巧，懂得元素之间的相互关系，排出时尚美观的符合客户需求的页面也

图7-11

提示 段落文本和点文本可以相互转换，右击段落文本图层，在弹出的菜单中选择"转换为点文本"命令，即可将段落文本转换为点文本。同样地，右击点文本图层，在弹出的菜单中选择"转换为段落文本"命令，可以将点文本转换为段落文本。注意，点文本没有文本框，不能通过文本框调整文本的显示区域。

知识点 2 "段落"面板

当输入较多文字时，通过"字符"面板进行相关字符设置后，需要通过"段落"面板对段落进行对齐方式等设置。"段落"面板如图 7-12 所示。常用的选项如下。

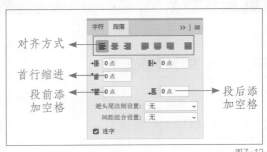

图7-12

- 对齐方式：用于设置文本的对齐方式。选中需要对齐的文字，单击相应按钮即可设置对齐方式，如图 7-13 所示。
- 首行缩进 ⁺≣：用于设置段落第一行的缩进量，如图 7-14 所示。
- 段前添加空格 ⁺≣：用于设置每段文字与前一段文字的距离，如图 7-15 所示，为第一段文字设置了段前添加空格。注意，当进行文字段间距设置时，设置段前添加空格、段后添加空格·中的一个即可。

图7-13

图7-14

图7-15

● 避头尾法则设置：避免标点符号在句首。在段落文本排版中，经常会出现标点符号在行首的现象，工作中设置段落文本的避头尾法则为"严格"，可避免标点符号出现在行首。

第3节 路径文本

路径文本可以使输入的文字沿指定的路径进行排列，从而制作出更加丰富的文字效果。

知识点 1 创建路径文本

首先，选择钢笔工具或形状工具，在属性栏中设置工具模式为"路径"，绘制一条路径；然后选择文字工具，将鼠标指针移到该路径上，当鼠标指针变为 ↙ 形状时，在路径上单击，此时输入的文字会沿该路径排列，如图7-16所示。

图7-16

知识点 2　调整路径文本

在路径上输入文字后，可以使用路径选择工具或直接选择工具调整文字在路径上的位置，主要包括以下几种操作方法。

- 选择路径选择工具，将鼠标指针移到路径文本的左端，当鼠标指针变为 形状时，左右拖曳鼠标指针，可以调整路径文本的起点位置。
- 选择路径选择工具，将鼠标指针移到路径文本的右端，当鼠标指针变为 形状时，左右拖曳鼠标指针，可以调整路径文本的终点位置。
- 选择路径选择工具，将鼠标指针移到路径文本的上方，当鼠标指针变为 形状时，左右拖曳鼠标指针，可以使路径文本整体左右移动。
- 选择路径选择工具，将鼠标指针移到路径文本的左端、右端或中点，上下拖曳鼠标指针，可调整路径文本的位置。

第4节　区域文本

除了段落文本外，用户还可以绘制任意封闭路径来创建区域文本。

首先，使用钢笔工具或形状工具绘制封闭路径。然后，选择文字工具，将鼠标指针移动到封闭路径区域内，当鼠标指针变成①形状时，单击并输入文本，文本内容会自动适应绘制的封闭路径，如图7-17所示。

图7-17

提示 无论是路径文本，还是区域文本，用户都可以使用添加锚点工具、删除锚点工具和转换点工具对路径进行编辑。另外，还可以使用直接选择工具调整路径上锚点的位置等，路径形状改变的同时，文本效果也会随之改变。

第5节 将文字转换成形状

在设计工作中将文字转换为形状，在原有字形的基础上，对文字外观进行重新设计，可以使文字更加符合设计主题。

使用文字工具输入文字后，在"图层"面板中右击文字图层，在弹出的菜单中选择"转换为形状"命令，即可将文字图层转换为形状图层。此时，不仅可以设置形状的属性，还可以使用直接选择工具、钢笔工具等对文字的形状进行编辑，如图7-18所示。

图7-18

综合案例 文字海报设计

本案例将根据本课提供的素材（见图7-19）和文档，制作文字海报，通过文字海报的设计，读者可以学习如何进行文字的排版设计。最终效果如图7-20所示。

文档尺寸是1080×1920像素。

分辨率是72像素/英寸。

颜色模式是RGB颜色模式。

1. 设计思路

根据背景图片的构图方式，设定文案左右排版。在配色上，标题颜色可根据背景图片的颜色选择，点缀颜色可选择与图片主体（即鸡蛋）同色系的颜色，这样可以使画面的色彩协调、统一。

2. 划分文案的信息层级

先通读文案，划分信息的主次关系，然后根据信息的主次关系进行排版。例如，标题最重要，在排版时需要突出显示；其次是副标题；最后是正文。初步排版效果如图7-21所示。

图7-19

图7-20

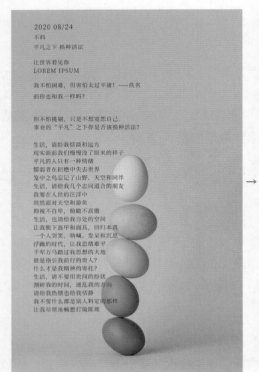

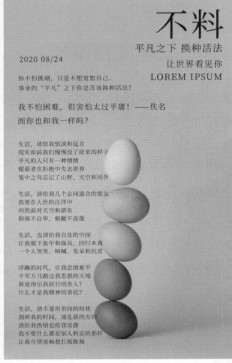

图7-21

3. 设置字体、字号与颜色

根据信息层级，进一步优化文案的排版设计，效果如图7-22所示。调整文字的字体、字号，并根据版面大小调整文字的位置、字间距和行距等，结合背景色调给文字设置不同的颜色，效果如图7-23所示。

4. 设计标题

复制主标题，并将复制的标题转换为形状。设置主标题形状的填充为"无"，描边颜色为白色。为需要突出显示的文案添加线和框，与标题呼应，效果如图7-24所示。

图7-22

图7-23

图7-24

5. 添加装饰元素并进行图层的整理和编组

使用形状工具添加装饰元素，使画面更加活泼，并进行图层的整理和编组，如图7-25所示。

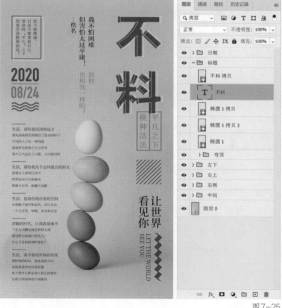

图7-25

练习题

1. 选择题

（1）下列快捷键可进行行间距调整的是（　　　）。

A．Alt+↑

B．Alt+↓

C．Alt+→

D．Alt+←

（2）下列快捷键可进行文字字号调整的是（　　　）。

A．Shift+Ctrl+>

B．Alt +Ctrl+<

C．Alt+Ctrl+>

D．Shift+Ctrl+<

参考答案:（1）A、B；（2）A、D。

2. 判断题

（1）路径文本和区域文本是一种文本形式。（　　　）

（2）点文本是通过单击输入的文本，段落文本是通过拖曳鼠标指针绘制文本框输入的文本。（　　　）

参考答案:（1）×；（2）√。

3. 操作题

结合本课提供的素材（见图7-26）和文档，进行文字海报设计，最终效果如图7-27所示。

文件尺寸是1080×1920像素。

分辨率是72像素/英寸。

颜色模式是RGB颜色模式。

图7-26

图7-27

操作提示

步骤1 根据文档的内容划分内容层级。

步骤2 结合背景，规划内容布局，将标题、副标题和详细信息通过字号与间距进一步区分开。

步骤3 为标题、副标题和详细信息选择合适的字体。

步骤4 对标题进行设计。除了可以将文字转换成形状、设置描边外，还可填充图案来丰富标题。

步骤5 添加点、线、面等元素，丰富画面细节。

第  课

蒙版的应用

蒙版是Photoshop最重要的功能之一。在进行图像编辑时，为了保护一部分图像，使其不受各种操作的影响，就需要用到蒙版。它具有类似选区的保护作用，而且相比选区，它增加了隐藏图像的功能。常用的蒙版有快速蒙版、图层蒙版、剪贴蒙版。Photoshop CC 2018及之后的版本中还增加了图框工具，其作用与蒙版相同。本课主要讲解这几种蒙版与图框工具的使用方法。

本课知识要点：
- 快速蒙版；
- 图层蒙版；
- 管理图层蒙版；
- 剪贴蒙版；
- 图框工具。

第1节　快速蒙版

　　使用快速蒙版可以在图像上创建一个临时的蒙版，方便编辑。打开图像后，单击工具箱最下方的"快速蒙版"  按钮，即可进入快速蒙版状态。

　　选中工具箱中的画笔工具，将前景色和背景色复位为黑色与白色，并调整画笔大小与硬度，在画布上涂抹，可以看到涂抹的区域呈现为半透明的红色，如图8-1所示。

图8-1

　　在快速蒙版状态下，单击"快速蒙版"按钮，可以退出快速蒙版状态。此时没有被涂抹的区域会被选中，形成选区，如图8-2所示。按Shift+Ctrl+I快捷键可以反选，按Ctrl+J快捷键可以将人物抠出，如图8-3所示。

图8-2

图8-3

提示　在快速蒙版状态下，黑色画笔用于涂抹，白色画笔用于擦除。当需要擦除或修正时，可以按X键将画笔颜色切换为白色，以擦除涂抹错误的部分。

第2节 图层蒙版

蒙版是一种遮罩工具，可以把图像中不需要显示的部分遮挡起来。图层蒙版的优势在于不会损坏图像本身，对图像起保护作用，方便后期随时修改。

在"图层"面板中，选中要添加图层蒙版的图层，单击"图层"面板下方的"添加图层蒙版"■按钮，即可为图层添加图层蒙版。此时，该图层的缩略图右侧会出现图层蒙版一个白色的缩略图，如图8-4所示。图层蒙版的颜色默认为白色，对应图像处于显示状态。

图8-4

在"图层"面板中，单击图层蒙版的缩略图即可选中图层蒙版。在选中图层蒙版的状态下，用黑色画笔在画布上涂抹，被涂抹的区域在图层蒙版的缩略图中显示为黑色，对应的图像在画布上变为完全透明的状态。图层蒙版的缩略图中白色的部分对应的图像处于完全不透明的状态；图层蒙版的缩略图中灰色的部分对应的图像处于半透明的状态，如图8-5所示。

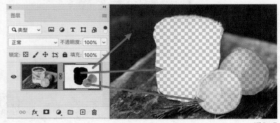

图8-5

> 提示 按住Alt键并在"图层"面板中单击"添加图层蒙版"按钮可添加黑色图层蒙版，对应图像处于隐藏状态。

第3节 管理图层蒙版

图层蒙版的管理包括编辑图层蒙版、移动图层蒙版、停用/启用图层蒙版、进入图层蒙版、应用图层蒙版和删除图层蒙版等。下面进行详细讲解。

知识点 1　编辑图层蒙版

　　编辑图层蒙版是指使用合适的工具来调整图层蒙版中的黑色区域或白色区域，以便根据需要隐藏或显示图像。编辑图层蒙版常用的工具有画笔工具、钢笔工具、选区工具、渐变工具等。

1. 使用画笔工具编辑图层蒙版

　　在使用画笔工具编辑图层蒙版时，结合画笔工具的笔触大小和笔刷样式可实现特殊的图像合成效果。黑色画笔用于隐藏图像，白色画笔用于显示图像。普通的合成的过渡效果多使用柔边圆笔头，同时结合画笔不透明度，涂抹蒙版以实现图层之间的合成，如图8-6所示。另外，也可以使用艺术笔刷实现特殊的合成效果，如图8-7所示。

图8-6

图8-7

> **提示**　当使用画笔工具编辑图层蒙版时，可通过调整画笔的不透明度来实现半透明效果。选中图层蒙版，前景色与背景色默认为黑白二色，按X键可切换画笔颜色，根据实际需要在图层蒙版上进行涂抹，即可实现对图像的显示或隐藏。

2. 使用钢笔工具编辑图层蒙版

　　当需要对图层蒙版进行精准编辑时，可使用钢笔工具。在未添加图层蒙版之前，先用钢笔工具绘制路径，得到选区后再添加图层蒙版。此时，图层蒙版中的选区内部自动填充白色，选区外部自动填充黑色，这种方法常在抠图时使用。

以图8-8为例，使用钢笔工具绘制精确路径，按Ctrl+Enter快捷键将路径转换为选区，如图8-9所示，单击"图层"面板下方的"添加图层蒙版"按钮，即可将选区内的图像抠出，如图8-10所示。

提示 在不破坏原图的前提下，若想实现快速抠图，可使用选区工具建立图像轮廓选区，再添加图层蒙版，快速实现蒙版抠图。

图8-8

图8-9

3. 使用渐变工具编辑图层蒙版

使用渐变工具在图层蒙版上填充黑白渐变，可以快速实现图像合成效果，如图8-11所示。

在图层蒙版上填充黑白渐变时，后一次的效果会覆盖前一次的效果。在工作中，有时需要在蒙版上叠加使用多次渐变效果，才能达到合成图像的目的。选择渐变工具，设置渐变色为从不透明度为100%的黑色到不透明度为0%的黑色，如图8-12所示。此时，可在图层蒙版中叠加多次渐变效果。

图8-10

图8-11

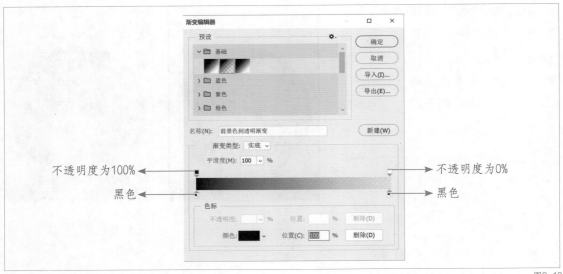

不透明度为100%

黑色

不透明度为0%

黑色

图8-12

提示 选中图层蒙版，按Ctrl+I快捷键，可使图层蒙版中的黑色与白色反相。此时，图像中显示和隐藏的区域相反。按住Ctrl键并单击图层蒙版的缩略图，可将图层蒙版中的图像作为一个选区载入。

知识点 2　移动图层蒙版

默认情况下，图层和图层蒙版之间存在链接关系，当使用移动工具移动图层时，图层蒙版也会随之移动。单击图层与图层蒙版之间的◉按钮可以取消链接，此时可以单独移动图层或图层蒙版。

知识点 3　停用 / 启用图层蒙版

按住Shift键并单击图层蒙版的缩略图，可以暂时停用图层蒙版，此时图层蒙版的缩略图中会出现一个红色的"×"，再次按住Shift键并单击图层蒙版的缩略图可重新启用图层蒙版。右击图层蒙版的缩略图，在弹出的快捷菜单中选择"停用图层蒙版"命令，也可以暂时停用图层蒙版，如图8-13所示。

图8-13

知识点 4 进入图层蒙版

按住Alt键并单击图层蒙版的缩略图，可以进入图层蒙版，工作区中会显示图层蒙版，如图8-14所示。再次按住Alt键并单击图层蒙版的缩略图，可退出图层蒙版，返回图像状态，单击图层的缩略图也可以退出图层蒙版。

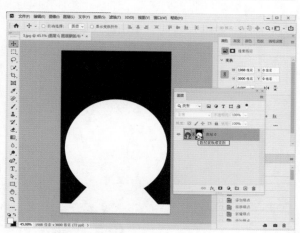

知识点 5 应用图层蒙版

应用图层蒙版是指删除图层蒙版中黑色区域对应的图像，保留白色区域对应的

图8-14

图像，而灰色区域对应的图像中部分像素被删除。右击图层蒙版，在弹出的快捷键菜单中选择"应用图层蒙版"命令即可应用图层蒙版，如图8-15所示。

图8-15

> 提示 当图层为形状图层或智能对象图层时，"应用图层蒙版"命令不可用，需要先将图层栅格化为普通像素图层。

知识点 6 删除图层蒙版

删除图层蒙版即取消图层蒙版对当前图层的遮挡作用。只需右击图层蒙版的缩略图，在弹出的快捷菜单中选择"删除图层蒙版"命令即可删除图层蒙版。另外，还可直接将图层蒙版拖曳到"图层"面板下方的 🗑 按钮上进行删除。

第4节 剪贴蒙版

剪贴蒙版用于使上下两个图层产生遮挡关系，它使用上方图层的内容来覆盖下方图层的形状，下方图层的形状决定了图像显示的区域，因此剪贴蒙版总是成组出现的。

　　建立剪贴蒙版的方法是按住Alt键并将鼠标指针移到需要建立剪贴蒙版的两图层之间，当鼠标指针变为 形状时，单击即可建立剪贴蒙版，如图8-16所示。

　　再次按住Alt键，将鼠标指针移到这两个图层之间，当鼠标指针变为 形状时，单击可以释放剪贴蒙版。

> 提示　按Alt+Ctrl+G快捷键也可创建和释放剪贴蒙版。

图8-16

第5节　图框工具

　　图框工具 是Photoshop CC 2018及之后的版本中增加的工具，其作用与剪贴蒙版类似，即使图像只在图框内显示。图框可以独立存在。因此，在进行图文排版时，如果没有合适的图片，可以先用图框工具为图像创建占位符，方便后续排版。

　　在工具箱中选择图框工具，在属性栏中，可以选择图框的形状（方形或圆形），在画布中拖曳即可绘制图框。绘制时按住Shift键可以绘制正方形或圆形图框，此处绘制一个正方形和一个椭圆形，如图8-17所示。绘制好图框后，"图层"面板中会生成图框图层。若将图像直接拖到图框上，则图像只在图框内显示，如图8-18所示。

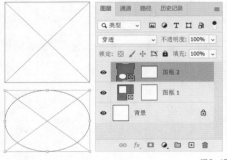

图8-17　　　　　　　　　　　　　　图8-18

此外，也可先选中需要添加图框的图层，然后使用图框工具在画布中绘制图框，为该图层添加图框。

使用图框工具或移动工具在画布中选中图框，拖曳图框边缘的控点可以调整图框的大小，如图8-19所示。拖曳图框边缘，可以移动图框和图像。

图8-19

灰色线框用于控制图像的大小和位置，选中并拖曳图像，可以调整图像的位置，按Ctrl+T快捷键可以调整图像的大小，如图8-20所示。将图像拖曳到图框外，即可释放图像，如图8-21所示。

图8-20

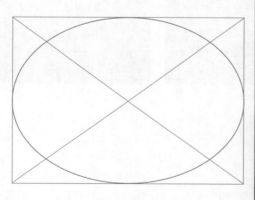

图8-21

提示　当图框图层处于选中状态时，置入的新的图像会自动嵌入该图框中。与"图层"面板中无图层被选中或选中图层为非图框图层时，将图像置入，拖曳图像到图框外的区域，图像将不受图框影响，且一个图框中只能置入一幅图像。

综合案例　合成海报设计

本案例将利用本课提供的素材（见图8-22）进行合成海报设计，通过合成海报的设计读者可以巩固蒙版的操作技能。海报最终的效果如图8-23所示。

海报尺寸是1080×1920像素。

分辨率是72像素/英寸。

颜色模式是RGB颜色模式。

下面讲解本案例的制作要点。

1. 搭建背景

新建文档，将背景填充为深棕色，置入背景图，将其缩放至合适大小并添加蒙版。为了实现背景图与底图之间的过渡，可采用从100%黑色到0%黑色的渐变样式编辑图层蒙版，如图8-24所示。

图8-22

图8-23

图8-24

2. 导入手机素材

导入手机素材，注意其大小和位置，效果如图8-25所示。

3. 合成手机与背景

给手机素材添加图层蒙版，使用钢笔工具将屏幕遮挡并透出后面的背景，使用画笔工具编辑图层蒙版的底部细节，过渡效果如图8-26所示。

4．添加前景素材

　　置入前景素材，为其添加图层蒙版，使用钢笔工具和画笔工具进行编辑，将上方隐藏并保留下方局部，效果如图8-27所示。

图8-25　　　　　　　　　　　　　　　　图8-26　　　　　　　　　　　　　　　　图8-27

5．添加文案

　　在图像底部添加标题文案"一路向前"，以及辅助文案"即使前路坎坷也阻挡不了前进的脚步"。注意不同层级文案字号的大小对比，以及文案的位置。

练习题

1. 选择题

（1）若要进入快速蒙版状态，应该怎么做？（　　　）

A. 建立一个选区

B. 单击图层蒙版图标

C. 单击工具箱中的"快速蒙版"按钮

D. 在"编辑"菜单中选择"快速蒙版"命令

（2）在图层上添加一个蒙版后，当要单独移动蒙版时，下面哪种操作是正确的？（　　　）

A. 首先单击图层蒙版，然后用移动工具进行拖曳

B. 首先单击图层蒙版，然后选择"选择"–"全选"命令，用选择工具进行拖曳

C. 首先解开图层与图层蒙版之间的链接，然后用移动工具进行拖曳

D. 首先解开图层与图层蒙版之间的链接，再选择图层蒙版，然后用移动工具进行拖曳

（3）对于图层蒙版，下列说法错误的是（　　　）。

A. 选中图层蒙版，用黑色画笔涂抹，图层上的像素就会被遮住

B. 选中图层蒙版，用白色画笔涂抹，图层上的像素就会显现出来

C. 选中图层蒙版，用灰色画笔涂抹，图层上的像素就会被部分遮住（或呈半透明状态）

D. 图层蒙版一旦建立，就不能被修改

（4）下列剪贴蒙版的建立方法错误的是（　　　）。

A. 选中上方图层，按住Alt键，将鼠标指针移到图层之间，当鼠标指针变为形状时，单击

B. 选中上方图层，选择"图层"–"创建剪贴蒙版"命令

C. 选中上方图层，按Alt+Ctrl+G快捷键

D. 选中上方图层，按住Ctrl键，将鼠标指针移到图层之间，当鼠标指针变为形状时，单击

参考答案：（1）C；（2）D；（3）D；（4）D。

2. 操作题

利用本课提供的素材（见图8-28）进行合成海报设计。最终效果如图8-29所示。

海报尺寸是1080×1920像素。

分辨率是72像素/英寸。

颜色模式是RGB颜色模式。

企鹅　　　　　冰

山洞　　　　　湖畔

图8-28　　　　　　　　　　　　　　　　　　　　　　　图8-29

操作提示

步骤1 新建文档，置入湖畔与山洞素材。

步骤2 为山洞素材添加图层蒙版，使用黑色画笔擦除"山洞"图层的中心区域。

步骤3 置入冰素材，使用快速选择工具选中素材底部，并为其添加图层蒙版。

步骤4 置入企鹅素材，为其添加图层蒙版，使用黑色画笔擦除"企鹅"图层的底部，使其与"冰"图层融合。

步骤5 为海报添加标题文案"拥抱自然"和辅助文案"世界因为你的存在而不同"。

第 **9** 课

图层的高级应用

图层混合模式和图层样式是图层操作中的高级应用，可以为图像实现很多特殊效果。本课主要讲解图层混合模式和图层样式的操作技巧，从而帮助读者实现更高级的设计表现效果。

本课知识要点：
- 图层混合模式；
- 图层样式。

第1节 图层混合模式

图层混合模式是指通过调整当前图层的像素属性，使其与下方图层的像素产生叠加效果。Photoshop提供了27种不同效果的图层混合模式，在"图层"面板的"混合模式"下拉列表中选择不同选项可改变当前图层的混合模式。

除正常模式和溶解模式外，根据图层混合模式的效果，图层混合模式可分为变暗模式、变亮模式、饱和度模式、差集模式和颜色模式，如图9-1所示。

下面讲解常用的图层混合模式——溶解、正片叠底、滤色、叠加和柔光。

正常 溶解		叠加 柔光 强光 亮光 线性光 点光 实色混合	饱和度模式
变暗 正片叠底 颜色加深 线性加深 深色	变暗模式	差值 排除 减去 划分	差集模式
变亮 滤色 颜色减淡 线性减淡（添加） 浅色	变亮模式	色相 饱和度 颜色 明度	颜色模式

图9-1

知识点 1 溶解

溶解模式多用于实现噪点效果，可配合图层不透明度使用。新建空白图层，绘制一个矩形色块，如图9-2所示。选中矩形色块图层，将其图层混合模式修改为"溶解"，并降低矩形色块图层的不透明度，效果如图9-3所示。

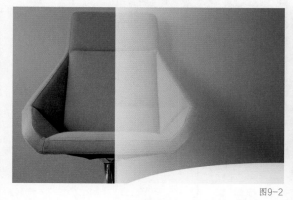

图9-2

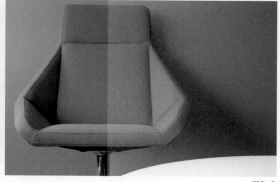

图9-3

知识点 2 正片叠底

正片叠底实现的效果是将上下两个图层混合，图像整体颜色变暗，同时图像的色彩变得更加饱满。在正片叠底模式下，白色与任何颜色混合时都会被替换，而黑色与任何颜色混合时都不变，因此这个混合模式还经常用于去除图层中的白色部分。以图9-4为例，将其置入文档后，选中"11"图层，将其图层混合模式修改为"正片叠底"，即可得到图9-5所示的效果。

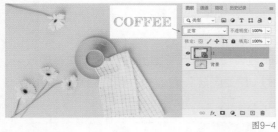
图9-4

图9-5

知识点 3　滤色

滤色实现的效果是将上下两个图层混合，整体图像变得更亮，产生一种"漂白"的效果。在滤色模式下，如果混合的图层中有黑色，黑色将会消失，因此这个混合模式通常用于去除图层中的深色部分，如抠取光斑、火焰等黑底或深色底的素材。以图9-6所示的光斑素材为例，将其置入文档后并选中，将其图层混合模式修改为"滤色"，再添加图层蒙版将边缘生硬的部分擦除，效果如图9-7所示。

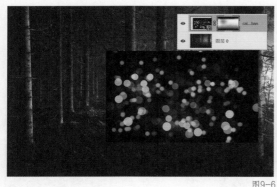
图9-6

图9-7

知识点 4　叠加

在叠加模式下，上层图像中亮的部分会使最终效果变亮，而上层图像中暗的部分会使最终效果变暗，同时提升图像的饱和度。

以图9-8为例，将其置入文档后，选中彩色渐变图层，将其图层混合模式修改为"叠加"，效果如图9-9所示。

知识点 5　柔光

和叠加类似，柔光同样可以使高亮区域更亮、暗调区域更暗，以增加画面的对比度。二者的区别在于，相对于叠加模式，柔光模式能在图层之间产生一种更加柔和的光线效果，如图9-10所示（左为叠加效果，右为柔光效果）。

图9-8

图9-9

图9-10

第2节 图层样式

　　添加图层样式是指为图层中的普通图像添加特殊效果，从而制作出具有阴影、斜面和浮雕、描边、渐变等效果的图像。

115

选择"图层"→"图层样式"命令，在弹出的子菜单中选择相应的命令即可创建图层样式。单击"图层"面板底部的"添加图层样式" *fx.* 按钮，在弹出的菜单中选择相应的命令也可以创建图层样式。另外，还可在需要添加图层样式的图层名称右侧空白位置双击，在弹出的"图层样式"对话框中，勾选相应的复选框来进行图层样式的添加，如图9-11所示。

知识点 1　投影

投影样式用于模拟物体受到光照后产生的效果，主要用于突出物体的立体感。在Photoshop中，选择"图层"→"图层样式"→"投影"命令后，在弹出的"图层样式"对话框中将自动勾选"投影"复选框，其选项包括混合模式、不透明度、角度等，如图9-12所示。

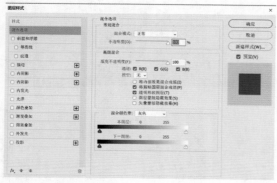

图9-11

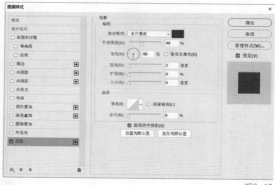

图9-12

常用的选项如下

● 混合模式：默认为"正片叠底"，单击其右侧的下拉按钮即可在弹出的下拉列表中选择不同的混合模式。多数情况下使用默认的正片叠底模式，投影效果十分自然。当运用投影样式制作发光效果时，混合模式一般选择滤色模式或正常模式。

● 投影颜色：单击混合模式下拉列表框右侧的色块，即可在弹出的对话框中设置投影的颜色。

● 不透明度：用于设置投影的不透明度，可以拖动其右侧的滑块或在文本框中输入数值来改变图层的不透明度，数值越大，投影颜色越深。

● 角度：用于设置投影的角度，可以拖曳角度指针进行角度的设置，也可以在其右侧的文本框中输入数值来确定投影的角度。

● 使用全局光：用于设置是否采用相同的光线照射角度。多数情况下不勾选，以保证每个图层的光照方向独立，不受其他图层影响。

● 距离：用于设置投影的偏移量，数值越大，偏移量越大。

● 扩展：用于设置投影的模糊边界，数值越大，模糊边界越小。

● 大小：用于设置模糊的程度，数值越大，投影越模糊。

其他选项多保持默认状态，不进行进一步讲解。

投影样式可产生两种效果：一种是投影效果，其混合模式一般为正片叠底，投影颜色的设置基于背景色的暗色或黑色，如图9-13所示；另一种是发光效果，其混合模式一般为滤色或正常，投影颜色的设置基于背景中的亮色或白色，如图9-14所示。

提示 在投影样式的设置状态下，将鼠标指针移到设置面板外，拖曳鼠标可改变投影的位置。

图9-13

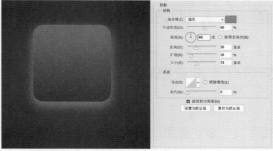
图9-14

知识点 2 外发光

外发光样式用于沿着图层的边缘向外产生发光效果。在Photoshop中，选择"图层"→"图层样式"→"外发光"命令，在弹出的"图层样式"对话框中，将自动勾选"外发光"复选框，其选项包括混合模式、不透明度、杂色、颜色，以及扩展和大小等，如图9-15所示。

外发光样式的混合模式设置方法和作用与投影样式的相同，常用混合模式为正常和滤色。

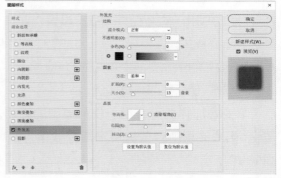
图9-15

可以通过拖曳"杂色"右侧的滑块或在文本框中输入数值使外发光具有杂色效果，数值越大，杂色效果越明显。

颜色的设置有两种方式——单击"杂色"下面的单选按钮，选择纯色填充和渐变填充。多数情况下使用纯色填充设置发光颜色。渐变填充可以使外发光颜色呈现渐变过渡效果，在设计制作中很少使用。

外发光样式的"扩展"选项的作用与投影样式的相同，其作用的范围由下方"大小"选项决定。

外发光样式可产生两种效果：一种是发光效果，发光色多选择白色或接近背景色的高亮颜色，如图9-16所示；另一种是噪点效果，一般多用于噪点插画中，如图9-17所示。

图9-16　　　　　　　　　　　　　　　　　　　　　　图9-17

知识点 3　渐变叠加

　　渐变叠加样式用于在图层上填充渐变颜色。在 Photoshop 中，选择"图层"→"图层样式"→"渐变叠加"命令后，在弹出的"图层样式"对话框中，将自动勾选"渐变叠加"复选框，其选项包括渐变、样式、角度和缩放等，如图9-18所示。

　　渐变叠加样式的混合模式设置方式与其他样式的相同，具体混合模式根据需要选择，多数时候为正常。

　　单击"渐变"色条，弹出"渐变编辑器"对话框，可进行渐变颜色的设置。

　　"样式"用于对渐变样式进行设置，在其下拉列表中可选择线性、径向、对称的、角度、菱形等渐变样式。

　　"角度"用于改变渐变填充的方向。

　　"缩放"使渐变效果更自然。

　　渐变叠加样式可应用于任何类型的图层。对于一些特殊图层（例如文字图层和形状图层），无法使用渐变工具填充渐变效果，但可通过渐变叠加样式的添加实现渐变效果，如图9-19所示。

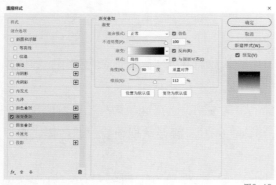

图9-18　　　　　　　　　　　　　　　　　　　　　　图9-19

提示　在渐变叠加样式的设置状态下，将鼠标指针移到设置面板外，拖曳鼠标可改变渐变颜色的过渡位置。

知识点 4 内发光

内发光样式和外发光样式的效果在方向上相反，内发光样式用于沿着图层的边缘向内产生发光效果，其选项比外发光样式的多了"居中"和"边缘"，如图9-20所示。

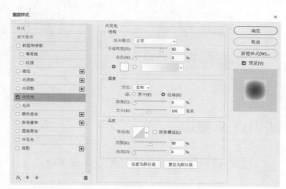

图9-20

选择"居中"单选按钮，内发光效果将从图层的中心向外进行过渡；选择"边缘"单选按钮，内发光效果将从图层的边缘向内进行过渡。以图9-21为例，圆角矩形的填充色均为蓝色，内发光颜色均为黄色，对于左图，选择"边缘"单选按钮，对于右图，选择"居中"单选按钮。

图9-21

知识点 5 内阴影

内阴影样式可用于在紧靠图层内容的边缘内部添加阴影，常用于制作图层的凹陷效果，如图9-22所示。

内阴影与投影的设置方式基本相同。它们的不同之处在于投影是通过"扩展"选项来控制投影边缘的渐变程度的，而内阴影则通过"阻塞"选项来控制。"阻塞"用于在模糊之前收缩内阴影的边界。

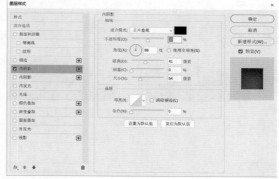

图9-22

在设置内阴影时，阴影颜色的深浅不同，图像的凹凸效果就不同，且内阴影样式可多次添加，多个内阴影样式的叠加可使图像呈现出立体效果，如图9-23所示。

提示 在内阴影样式的设置状态下，将鼠标指针移到设置面板外，拖曳鼠标可以改变内阴影的位置。

119

图9-23

知识点 6　描边

　　当需要为图像或文字添加外轮廓时，可以使用描边样式。在Photoshop中，选择"图层"→"描边"命令，在弹出的"图层样式"对话框中将自动勾选"描边"复选框，其参数包括大小、位置和颜色等，如图9-24所示。

　　描边的位置有外部、内部、居中。外部是指描边沿着图像的边缘向外生成，使图像的轮廓增大且图像的拐角处产生弧度，常用于外观比较小的对象，可防止为对象添加描边后内部被遮挡。内部是指描边沿着图像的边缘向内生成，图像大小不变且描边轮廓与图像轮廓一致。居中是指描边沿着图像的边缘向内外同时生成，且在图像拐角处产生弧度，相对于外部，其产生的弧度小一些，如图9-25所示。

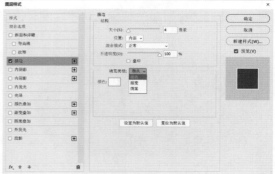

图9-24

无描边　　　　　　外部描边　　　　　　内部描边　　　　　　居中描边

图9-25

> **提示**　在"图层样式"对话框中，有些样式名称右侧带有 ✚ 按钮，这表示此样式可重复添加，用户可以为其设置不同参数值。

知识点 7　斜面和浮雕

　　斜面和浮雕样式用于增强图像边缘的明暗程度，并增加高光使图层产生立体感。斜面和浮雕样式可以配合等高线来调整图像的立体轮廓，还可用于为图像添加纹理特效，如图9-26所示。

通过不同的设置，斜面和浮雕样式会使图像产生丰富的立体效果。主要的选项如下。

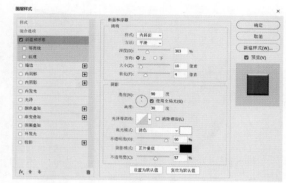

图9-26

- 样式：用于设置立体效果的具体样式，有外斜面、内斜面、浮雕效果、枕状浮雕和描边浮雕5种样式。外斜面可以用于基于图像边缘向外产生凹凸效果；内斜面可以用于基于图像边缘向内产生凹凸效果；浮雕效果可以用于产生一种凸出的效果；枕状浮雕可以用于产生一种凹陷的效果；描边浮雕需要结合描边样式才能起作用，主要针对描边产生浮雕效果。不同样式的效果如图9-27所示。

外斜面　　　内斜面　　　浮雕效果　　　枕状浮雕　　　描边浮雕

图9-27

- 方法：用于设置立体效果边缘产生的方法，有平滑、雕刻清晰和雕刻柔和3种。平滑可以产生边缘平滑的浮雕效果，雕刻清晰可以产生边缘较硬的浮雕效果，雕刻柔和可以产生边缘较柔和的浮雕效果。
- 深度：用于设置立体效果的强度，数值越大，立体效果越强。
- 方向：用于设置阴影和高光的分布。若选择"上"单选按钮，表示高光区域在上，阴影区域在下；若选择"下"单选按钮，表示高光区域在下，阴影区域在上。
- 大小：用于设置图像中的明暗分布情况，数值越大，高光越多。
- 软化：用于设置阴影的模糊程度，数值越大，阴影越模糊。
- "阴影"选项组：主要对浮雕的明暗面进行调节，其中"角度"选项用于设置明暗的位置，"高光模式"和"阴影模式"选项主要用于调节明暗面颜色的混合模式。

- 等高线：若勾选该复选框，可以在其右侧的参数设置区域中设置等高线来控制立体效果。不同的等高线可以使图像产生不一样的立体效果，一般默认选择第一个，也可以根据自己的需要自定义等高线，如图9-28所示。

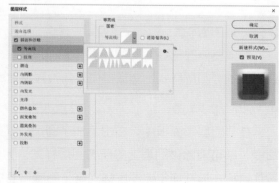

- 纹理：若勾选该复选框，可以在其右侧的区域中设置纹理来填充图像，使图像具有立体效果，如图9-29所示。

图9-28

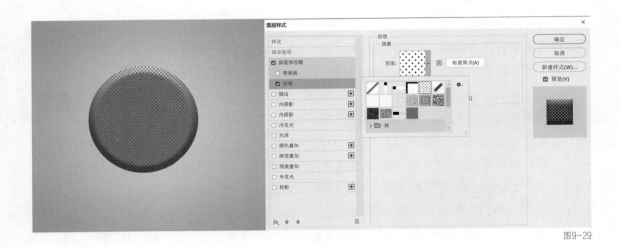

图9-29

知识点 8　编辑图层样式

在为图层添加了图层样式后，用户可以根据自己的需要有选择地对图层样式进行复制、隐藏、修改和清除等操作。

1. 复制图层样式

图层样式设置完成后，可将该样式复制给其他图层，以提高工作效率。复制图层样式的方法主要有以下两种。

- 先右击已设置图层样式的图层，在弹出的菜单中选择"拷贝图层样式"命令，然后右击需要粘贴该图层样式的图层，在弹出的菜单中选择"粘贴图层样式"命令。
- 按住Alt键并拖曳图层下的 *fx* 图标到需要应用该图层样式的图层上，释放鼠标左键。

2. 隐藏图层样式

当需要隐藏某个图层样式时，单击 *fx* 图标，展开图层样式，单击该图层样式左侧的 👁 按钮，即可隐藏该图层样式，如图9-30所示。

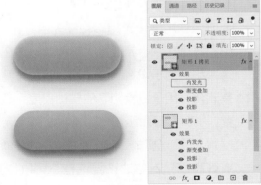

图9-30

3. 修改图层样式

如果要修改已经添加的图层样式，只需在"图层"面板中双击要修改的图层样式的名称，在弹出的"图层样式"对话框中重新设置参数即可。

4. 清除图层样式

在"图层"面板中，右击添加了图层样式的图层，在弹出的菜单中选择"清除图层样式"命令，即可清除该图层上的所有图层样式。另外，还可将鼠标指针移到要删除的图层样式上，按住鼠标左键并拖曳该图层样式至"图层"面板下方的"删除"按钮上。

5. 分离图层样式

在进行图像设计时，若需要对图层样式执行其他操作，可将鼠标指针移动到 *fx* 图标上并右击，在弹出的菜单中选择"创建图层"命令将图层样式分离为单独的图层，且仍保留其设置。

6. 高级混合选项的应用

给添加过图层样式的图层添加图层蒙版后，在默认状态下对图层样式进行编辑，图层蒙版也会受到影响。当给图层添加基于外轮廓的图层样式（如描边、外发光、内发光、投影等）时，其效果会随着蒙版的改变而改变，如图9-31所示。当添加了颜色叠加、渐变叠加、图案叠加样式的图层作为剪贴蒙版时，上方剪贴层将不显示，如图9-32所示。在"图层样式"对话框中，在"混合选项"选项区域中，勾选"高级混合"选项组中的"将内部效果混合成组""透明形状图层"和"图层蒙版隐藏效果"复选框，同时取消勾选"将剪贴图层混合成组"和"矢量蒙版隐藏效果"复选框，图层样式效果将正常显示，如图9-33所示。

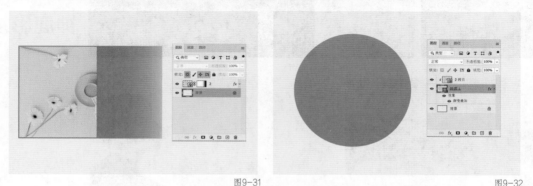

图9-31   图9-32

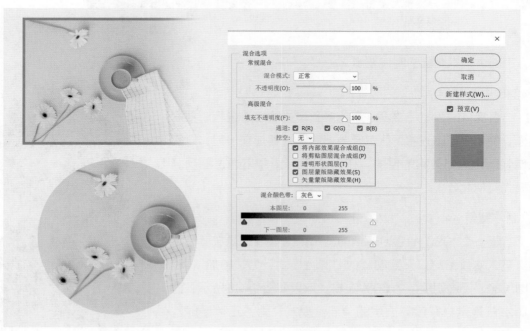

图9-33

综合案例 "城市拾荒者" 电影海报设计

本案例将利用本课提供的素材（见图9-34）和相关文案，进行电影海报的设计。通过海报的设计读者可以巩固图层混合模式和图层样式的操作技巧。最终的参考如图9-35所示。

海报尺寸是1080×1920像素。

分辨率是72像素/英寸。

颜色模式是RGB颜色模式。

图9-34

下面讲解本案例的制作要点。

1. 创作思路

结合提供的素材和文案，运用多重曝光的技法进行海报的制作。使用多重曝光将两张甚至更多张图片叠加在一起，以实现增强图片虚幻效果的目的。在Photoshop中可通过图层混合模式实现此效果。

2. 制作背景

新建一个1080×1920像素的画布，为其填充浅灰蓝色背景。置入底纹素材，设置图层的"混合模式"为"叠加"，设置图层的"不透明度"为50%左右，效果如图9-36所示。置入山水背景素材并设置图层的"混合模式"为"正片叠底"，结合图层蒙版将其与下方背景融合，效果如图9-37所示。

图9-35

3. 添加人像以及湖泊素材

置入人像素材并设置图层的"混合模式"为"正片叠底",结合图层蒙版使人像与背景融合。复制一层人像,同样设置图层的"混合模式"为"正片叠底",降低图层的"不透明度"至15%左右,在边缘结合图层蒙版制作过渡效果,如图9-38所示。在下方置入湖泊素材并设置图层的"混合模式"为"叠加",效果如图9-39所示。

图9-36

图9-37

4. 添加建筑和光斑素材

在人像上层置入建筑素材并设置图层的"混合模式"为"滤色",结合图层蒙版使建筑与人像相融合,效果如图9-40所示。置入光斑素材,用于增强画面氛围,设置图层的"混合模式"为"叠加",并结合图层蒙版将挡住人像的部分遮住,效果如图9-41所示。

5. 制作主标题文案

为了突出主标题"城市拾荒者",给标题文字添加斜面和浮雕样式、渐变样式、外发光样式和投影样式。斜面和浮雕样式比较复杂,斜面和浮雕样式的具体设置如图9-42所示。标题下方的英文字母过小,只添加渐变样式即可,与主标题风格保持一致。

图9-38

图9-39

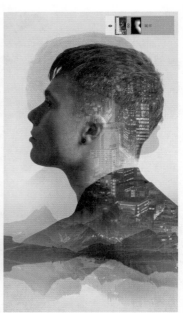

图9-40

图9-41

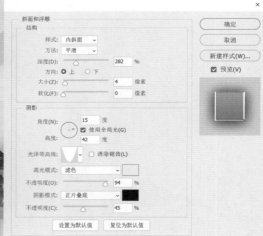

图9-42

6. 添加副标题和徽标

　　结合画面布局添加副标题和徽标并进行垂直居中上下排版。至此，整个海报基本排版完成，具体图层结构如图9-43所示。

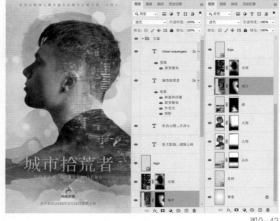

图9-43

练习题

1. 选择题

（1）以下图层混合模式中可使图像保留深色、去除白色的是（   ）。

A. 滤色　　　　　B. 柔光　　　　　　　　C. 正片叠底　　　　D. 叠加

（2）以下图层混合模式中可使图像保留亮色、去除黑色的是（   ）。

A. 正片叠底　　　B. 滤色　　　　　　　　C. 溶解　　　　　　D. 叠加

（3）以下图层样式中可使物体快速呈现立体效果的是（   ）。

A. 斜面和浮雕　　B. 内阴影　　　　　　　C. 投影　　　　　　D. 外发光

参考答案：（1）C；（2）B；（3）A。

2. 判断题

（1）对任何类型的图层都可以添加图层样式。（   ）

（2）对一个图层只能添加一种图层样式。（   ）

参考答案：（1）√；（2）×。

3. 操作题

根据本课提供的PSD源文件（见图9-44），给文件中的图标添加图层样式，效果如图9-45所示。

图9-44　　　　　　　　　　　　　　图9-45

操作提示

步骤1　给底板添加图层样式，主要用到的图层样式有渐变叠加样式、斜面和浮雕样式（使用内斜面），下方可通过内阴影样式制作反光效果。同时添加投影样式，使图标更具立体感，可结合画笔工具加一层暗色，使图标阴影更有层次。

步骤2　给亮色圆形添加斜面和浮雕样式（使用外斜面），并给圆形添加上暗下亮的渐变叠加样式。

步骤3　给中间圆形添加内阴影样式和内发光样式（两种样式都使用暗色以便制作阴影效果）。

步骤4　给中间听筒添加斜面和浮雕样式（使用内斜面），并添加投影样式。文字的处理方式与听筒的相同。

第 **10** 课

图像的修饰

利用Photoshop提供的修复工具，可处理图像中出现的瑕疵。例如，使用污点修复画笔工具、修复画笔工具、修补工具可以修复图像，还可通过图章工具组中的仿制图章工具进行清除斑点的操作。本课主要讲解使用这几种工具对图像进行修饰的操作方法和技巧。

本课知识要点：
- 修复工具组；
- 图章工具组；
- 内容识别填充；
- 减淡工具和加深工具。

第1节 修复工具组

修复工具组中的工具主要用于处理图像中出现的各种瑕疵。该工具组主要包括污点修复画笔工具、修复画笔工具、修补工具、内容感知移动工具。另外，还有用于去除红眼的红眼工具，现在的摄影照片中很少出现红眼现象，这里不对其进行介绍。

知识点 1 污点修复画笔工具

使用污点修复画笔工具 ，可以对图像中的不透明度、颜色和质感进行像素取样，快速消除图像中的斑点或较小的杂物。选择工具箱中的污点修复画笔工具，弹出其属性栏，如图10-1所示。

图10-1

在使用污点修复画笔工具进行图像修复前，在属性栏中选择"类型"中的"内容识别"选项，在单击图像中的斑点时，会自动分析斑点周围的像素，并自动对图像进行修复。"近似匹配"选项的处理效果与之相似。具体操作中，多选择默认的"内容识别"选项。

在进行图像修复时，若勾选"对所有图层取样"复选框，可使取样范围扩展到图像中的所有可见图层。

下面以图10-2为例，使用污点修复画笔工具，去除人物脸部的雀斑。在工具箱中选择污点修复画笔工具，使用【键和】键将画笔半径调节至与雀斑差不多的大小，在雀斑处单击，即可抹去人物脸部的雀斑，效果如图10-3所示。

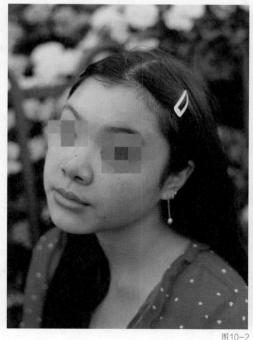

图10-2

图10-3

提示　当使用污点修复画笔工具时，若选择柔边圆画笔，修复效果会更自然。

知识点 2　修复画笔工具

使用修复画笔工具◈可以通过复制局部图像对图像中有缺陷的部分进行修补，尤其适用于去除细纹和杂乱发丝。其操作方法与污点修复画笔工具的操作方法类似，但在进行修复前，需要先指定样本，即在无污点位置进行取样后，才能用取样点的样本图像修复污点图像。选择工具箱中的修复画笔工具，弹出其属性栏，如图10-4所示。

图10-4

图像的修复效果取决于属性栏中"源"的设置。选择"取样"选项后，在工具箱中选择修复画笔工具，按住Alt键并单击图像中的某处，此处将会作为取样点，用于对图像瑕疵部分进行修复。选择"图案"选项，可在其右侧的下拉列表框中选择已有的图案，但此选项不太实用。

以去除图10-5中湖面的黑点为例，打开图像，选择工具箱中的修复画笔工具，调节画笔半径至合适大小，按住Alt键，在湖面平坦区域通过单击取样；然后在需要修复的地方单击或拖曳鼠标指针以进行涂抹，将湖中黑点去除，效果如图10-6所示。

图10-5

图10-6

知识点 3　修补工具

修补工具◈主要用于从图像其他区域取样或使用图案来修补当前选择的区域，新选择区域中的图像将替换原区域中的图像，尤其适用于修复区域比较大的图像。修补方式由属性栏中的"源"和"目标"决定，如图10-7所示。

图10-7

修补工具的操作方法类似于套索工具的操作方法，拖曳鼠标指针可生成选区，同时可通过布尔运算实现选区的相加或相减。

在工具箱中，先选择修补工具，在属性栏中选择"源"选项，然后在图像窗口中单击，并拖曳鼠标指针，绘制出需要修复的区域，用其他区域的图像修补当前选择的区域。当选择"目标"选项时，操作方法与"源"选项的相反，多使用默认的"源"选项进行图像修复。

以图10-8为例，在工具箱中选择修补工具，在属性栏中选择"源"选项，按住鼠标左键并拖曳鼠标指针，将右侧火烈鸟框选以生成选区。拖曳选区至背景位置，即可将右侧火烈鸟替换为背景，效果如图10-9所示。

图10-8   图10-9

知识点4 内容感知移动工具

内容感知移动工具 ✂ 用于将图像移动或复制到另外一个位置。在工具箱中选择内容感知移动工具，按住鼠标左键，框选图像中的某个物体，再将其移动到图像中的任意位置即可完成操作。

以图10-10所示的沙漠中的越野车为例，选择工具箱中的内容感知移动工具，在图像中按住鼠标左键并拖曳，框选越野车；按住鼠标左键将选区拖曳到图像的右下方，释放鼠标左键后，越野车将被移动到图10-11所示的位置。如果将鼠标指针移至图像窗口的边缘，保留少量像素在窗口中，越野车将被去除，且越野车原来的位置会被周边像素补齐，如10-12所示。

图10-10   图10-11   图10-12

第2节　图章工具组

图章工具组包括仿制图章工具和图案图章工具，使用它们可以对图像进行修补和复制等处理。

知识点 1　仿制图章工具

使用仿制图章工具 ▲ 可以将图像中的部分区域复制到同一幅图像的其他位置或另一幅图像中。复制后的图像与原图像的亮度、色相和饱和度一致。在修复人像五官时，多使用仿制图章工具，此工具在修复瑕疵的同时，还能很好地保留皮肤纹理。

在使用仿制图章工具修复图像时，首先按住Alt键，在图像中单击以进行取样，然后将鼠标指针移动到要去除的瑕疵上，单击，直至将瑕疵涂抹掉为止。

下面以去除图10-13所示的人像的鼻环为例，选中工具箱中的仿制图章工具，选择柔边圆画笔，调节画笔半径至合适大小，在人像鼻部周围按住Alt键并单击以进行取样，然后在鼻环上单击，直至将其完全去除，在修复过程中可多次取样，使修复效果过渡更自然，效果如图10-14所示。

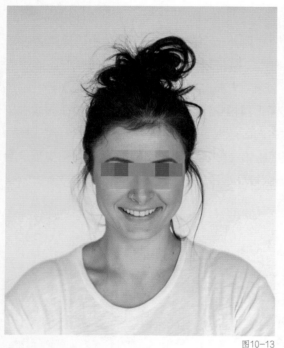
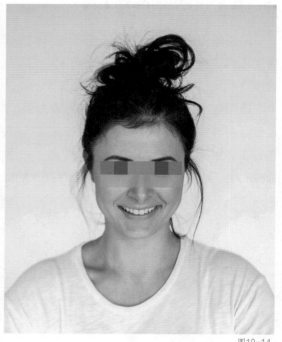

图10-13

图10-14

提示　在使用仿制图章工具进行修复时，随时调节画笔的不透明度，可使修复效果更自然。

知识点 2　图案图章工具

使用图案图章工具 ❀ 可以将Photoshop自带的图案或用户自定义的图案填充到图像中。在工具箱中，先选择图案图章工具，在其属性栏的"图案"下拉列表框中选择需要的图案，然后将鼠标指针移动到图像中，按住鼠标左键并拖曳，即可绘制出所选图案。

在使用图案图章工具时，可先用选区工具绘制选区，再用图案图章工具在选区内涂抹。以给图10-15所示的杯子上的选区添加图案为例，选择图案图章工具，并在属性栏中选择树叶图案，在图像中拖曳鼠标指针，选区内便会出现图案，如图10-16所示。

图10-15

图10-16

第3节 内容识别填充

内容识别是指使用选区附近的相似图像内容，不留痕迹地填充选区。使用内容识别填充功能，可以快速地修复图像，尤其适用于背景比较简洁的图像。

下面以去除图10-17中的白色瓶子为例，首先使用选区工具或者套索工具，为需要去除的图像创建选区。在Photoshop中，选择"编辑"→"填充"命令或按Shift+F5快捷键，弹出"填充"对话框，设置"内容"为"内容识别"，单击"确定"按钮，图像中的瓶子即被去除，效果如图10-18所示。

图10-17

图10-18

第4节　减淡工具和加深工具

　　减淡工具组包括减淡工具、加深工具和海绵工具，可通过改变图像的色彩明暗度与饱和度影响图像的风格。海绵工具在设计（尤其是图像修饰）中很少用到。本节主要讲解减淡工具和加深工具的操作方法。

知识点 1　减淡工具

　　减淡工具 🔍 可以提亮图像中的某一区域，具有强调或突出表现的作用。减淡工具作用的强度由属性栏中的"范围"和"曝光度"决定，如图10-19所示。

图10-19

　　在减淡工具属性栏中，可通过"范围"选项的设定来决定减淡工具的主要作用范围，其中包括阴影、高光、中间调，分别对应图像中的暗部、亮部、中灰部。在使用减淡工具时，结合对"曝光度"的调节可随时增大或降低强度。

　　以图10-20为例，使用减淡工具将俯视图中间的主体建筑部分提亮，让画面更有层次感。选择工具箱中的减淡工具，设置"范围"为"中间调"，选择柔边圆画笔，并调节画笔半径至合适大小，将鼠标指针移动到图像中间部分，按住鼠标左键进行涂抹，释放鼠标左键后即可将画面中间部分提亮，如图10-21所示。

图10-20　　　　　　　　　　　　　　　　图10-21

知识点 2　加深工具

　　加深工具 ✋ 的功能与减淡工具的功能相反，但它们的属性栏中的选项相同。加深工具可用于降低图像的亮度，使其变暗，以校正图像的曝光度。以加深图10-22中椅子的暗部为例，选择加深工具，在属性栏中设置"范围"为"阴影"，选择柔边圆画笔，并调整画笔半径至合适大小，按住鼠标左键在椅子暗部进行涂抹，释放鼠标左键后椅子暗部更暗，如图10-23所示。

图10-22　　　　　　　　　　　　　　　　图10-23

提示 在加深工具或减淡工具被选中的状态下，按数字键可以快速调节曝光度，按住Alt键可在两个工具之间快速切换。同时，加深工具和减淡工具对纯黑或纯白背景不起作用。

修复工具和仿制图章工具都可以对图像进行修复。在进行图像修复时，可以将几个工具结合。只有掌握每个工具的特点，才能更灵活地运用。同时，加深工具和减淡工具主要用于在修图过程中对图像进行修饰，如增强图像的明暗对比度，使图像更加有空间感。

综合案例 护肤品海报设计

本案例要求对图10-24进行修复，并利用修复后的图像进行护肤品海报的设计。本案例用于帮助读者巩固修复工具、加深工具和减淡工具的操作方法，并对海报的排版设计进行练习。海报的最终效果如图10-25所示。

海报尺寸是1080×1920像素。

分辨率是72像素/英寸。

颜色模式是RGB颜色模式。

1. 修复人像

使用污点修复画笔工具将人物脸部的斑点去除（画笔笔头大小能包裹住斑点即可），效果如图10-26所示。

图10-24　　　　　　　　　　　图10-25　　　　　　　　　　　图10-26

使用修复画笔工具将人物脸部的细纹和法令纹去除，效果如图10-27所示。修复画笔工具在修复图像时可更自然地保留皮肤纹理。

使用仿制图章工具将人物眉毛附近杂乱的毛去除，效果如图10-28所示。

使用仿制图章工具为人物重塑眉毛，同时使用仿制图章工具对人物嘴唇进行修正（适当调整画笔不透明度使修复效果更自然），效果如图10-29所示。

图10-27　　　　　　　　　　　　图10-28　　　　　　　　　　　　图10-29

　　使用加深工具和减淡工具对人物面部进行明暗对比度的调节，同时使用修补工具将人物左边肩膀上鼓起的部分修复，效果如图10-30所示。

　　使用减淡工具将人物肩膀提亮，效果如图10-31所示。新建图层，使用画笔工具给人物涂抹纯色，使人物的嘴唇更有光泽（图层的"混合模式"为"柔光"）。

2. 设计文字与版式

　　根据人物视线，将画面布局为左图右文的形式，绘制圆形后裁剪一半，并在图形与人像之间建立剪贴蒙版。给圆形添加内阴影样式，营造出空间感，效果如图10-32所示。

图10-30　　　　　　　　　　　　图10-31　　　　　　　　　　　　图10-32

　　添加半圆形线框，再添加圆点，装饰画面背景，效果如图10-33所示。

　　输入主标题"WOMAN 30"，并进行简单装饰设计使其更有层次感。具体制作方法这里不多阐述。添加副标题"用心呵护 锁住水分 HONEST BEAUTY"，用不同的字体样式进行对比修饰，效果如图10-34所示。

　　使用圆环装饰辅助文案"其实你也可以更美"，对宣传语"清洁不留痕迹 精心呵护肌肤"进行竖排版，同时添加波浪线，宣传语的颜色可选择与主标题一样的颜色，起到上下呼应的作用，效果如图10-35所示。

图10-33

图10-34

图10-35

　　添加产品图片以更好地贴合海报主题，同时使画面更加均衡。使用画笔工具给护肤品添加阴影，复制化妆品图像并执行自由变换操作，将其垂直翻转，添加图层蒙版进行自然过渡，最终效果及图层结构如图10-36所示。

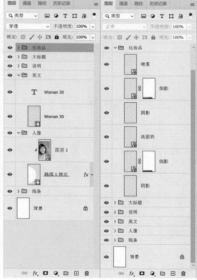

图10-36

练习题

1. 选择题

（1）修复工具组中不包括（　　　）。

A. 污点修复画笔工具　　　　　　　　　B. 修补工具

C. 内容感知填充工具　　　　　　　　　D. 仿制图章工具

（2）哪些工具可以改变图像的明暗？（　　　）

A. 仿制图章工具　　　　　　　　　　　B. 加深工具

C. 减淡工具　　　　　　　　　　　　　D. 污点修复画笔工具

参考答案：（1）D；（2）B、C。

2. 判断题

（1）在使用修复画笔工具时，可以直接单击图像以去除污点。（　　　）

（2）内容感知移动和内容识别填充是一个意思。（　　　）

参考答案：（1）×；（2）×。

3. 操作题

对图10-37中的人像进行修复，进行修复工具的操作练习，最终修复效果如图10-38所示，同时使用修复好的图片进行海报设计，文案和最终效果如图10-39所示。

海报尺寸是1080×1920像素。

分辨率是72像素/英寸。

颜色模式是RGB颜色模式。

图10-37　　　　　　　　图10-38　　　　　　　图10-39

操作提示

步骤1 使用污点修复画笔工具将人物脸部斑点去除。

步骤2 使用修复画笔工具将人物脸部细纹和凌乱的发丝去除。

步骤3 使用仿制图章工具对人物眉毛进行修整，同时对人物嘴唇进行修整。

步骤4 使用减淡工具将人物脸部和肩膀提亮，使用加深工具增强人物脸部轮廓。方法提示：添加接近肤色的纯色图层，并设置图层混合模式为滤色，将肩膀提亮，适当调节图层的不透明度，使提亮效果更自然。

步骤5 将修复好的图像应用于海报，根据人物面部朝向，可设置海报布局为右图左文。文字排版参考本课的综合案例，也可根据个人理解进行其他风格的排版。

第 **11** 课

图像的调色

在处理数码照片或其他各类图像时，校正色彩和调整明暗对比等调色工作是必不可少的。Photoshop 2023提供了很多调整图像色彩的工具和命令，包括色阶、曲线、色相/饱和度、色彩平衡、可选颜色、渐变映射等。本章主要讲解设计中常用的调整命令——色阶、曲线、色相/饱和度、色彩平衡。

本课知识要点：
- 图像的颜色模式；
- 调色。

第1节　图像的颜色模式

想要掌握图像的调色技巧，首先要了解图像的颜色模式。颜色模式不同，执行的调整命令也会有所不同。图像的颜色模式主要有位图模式、灰度模式、索引颜色模式、RGB颜色模式、CMYK颜色模式等，其中RGB颜色模式和CMYK颜色模式是设计中最常用的两种颜色模式。

知识点 1　位图模式

位图模式只使用黑白两种颜色中的一种表示图像中的像素。它包含的颜色信息最少，图像文件也最小。因为位图模式只能包含黑、白两种颜色，所以为了将一幅彩色图像转换为位图模式，需要先将其转换为灰度模式，这样可以将图像的所有色彩信息删除，转换为位图模式后仅保留图像亮度值。

以图11-1所示的RGB颜色模式的图像为例，在"通道"面板中可以看出RGB颜色模式的图像由红、绿和蓝3种颜色通道组成，如图11-2所示，大多数的显示器采用此种颜色模式。

为了将此图像从RGB颜色模式转换为位图模式，需要先选择"图像"→"模式"→"灰度"命令将图像从RGB颜色模式转换为灰度模式。在将图像转换为灰度模式时，会弹出"信息"对话框，如图11-3所示。

图11-1

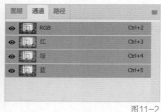
图11-2

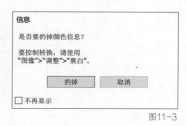
图11-3

单击"扔掉"按钮，得到灰度模式图像，如图11-4所示，选择"图像"→"模式"→"位图"命令，弹出"位图"对话框，如图11-5所示，单击"确定"按钮，得到位图模式图像，如图11-6所示。

图11-4

图11-5

图11-6

知识点 2　灰度模式

灰度模式中只存在灰度，最多可达256级灰度，当一个彩色文件被转换为灰度模式（见图11-7）时，Photoshop会将图像中的色相及饱和度等有关色彩的信息删除，只留下亮度信息。灰度值可以用黑色油墨覆盖的百分比来表示，0%代表白色，100%代表黑色，而颜色调色板中的K值用于衡量黑色油墨的量。

知识点 3 索引颜色模式

索引颜色模式是有8位颜色深度的颜色模式，该模式采用一个颜色表存放并索引图像中的颜色，最多可包含 256 种颜色，如果原图像中的某种颜色没有出现在该表中，则 Photoshop 2023将选取现有颜色中最接近的一种，或使用现有颜色模拟该颜色。使用索引颜色模式会丢失部分色彩信息，但可以减小图像文件。这种颜色模式的图像广泛应用于网络图形、游戏制作中，常见格式有

RGB颜色模式　　　　　灰度模式

图11-7

GIF、PNG-8等。在 Photoshop 中，选择"文件"→"导出"→"存储为 Web 所用格式"命令，在弹出的对话框中，导出 JPEG 文件为 GIF 或 PNG-8 文件，如图11-8所示。

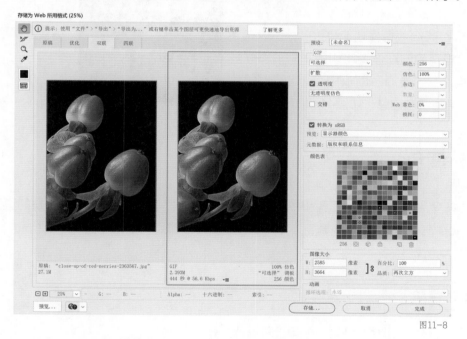

图11-8

知识点 4 RGB 颜色模式

RGB颜色模式是由红、绿、蓝3个颜色通道的变化及相互叠加产生的。RGB分别代表Red(红)、Green(绿)、Blue(蓝)3个通道的颜色，在"通道"面板中可以查看这3个颜色通道的状态信息，如图11-9所示。RGB颜色模式是一种发光模式(也叫加色模

图11-9

式)。RGB 颜色模式下的图像只有在发光体(如手机、电视等显示屏)上才能显示出来,该颜色模式所包括的颜色信息(色域)有1670多万种,几乎包含了人眼所能感知到的所有颜色,是进行图像处理时最常使用的一种颜色模式。

知识点 5 CMYK 颜色模式

在CMYK颜色模式中,当阳光照射到一个物体上时,这个物体将吸收一部分光线,并对剩下的光线进行反射,反射的光线的颜色就是我们所看见的物体的颜色。CMYK颜色模式也叫减色模式,该颜色模式下的图像只有在印刷体(如纸张)上才可以看到。CMYK代表印刷用的4种颜色,C代表青色(Cyan),M代表洋红色(Magenta),Y代表黄色(Yellow),K代表黑色(Black)。在实际应用中,因为青色、洋红色和黄色很难叠加成真正的黑色,所以引入K(黑色)。CMYK颜色模式包含的颜色总数比RGB颜色模式的少很多,所以在显示器上观察到的图像要比印刷出来的图像亮丽一些。在"通道"面板中可以查看这4种颜色通道的状态信息,如图11-10所示。

图11-10

第2节 调色

调色命令用于对图像的色调和色彩进行调整,是照片后期处理中不可或缺的重要工具。Photoshop 2023提供了很多调色命令,这里主要讲解常用的色阶、曲线、色相/饱和度、色彩平衡等。

知识点 1 色阶

"色阶"命令主要用于整体调整图像色调。在Photoshop中,选择"图像"→"调整"→"色阶",在弹出的"色阶"对话框中,在"输入色阶"下面的文本框或"输出色阶"下面的文本框中输入数值或者拖动滑块,就可以使图像中的所有色调变亮或变暗,还可以通过拖动"输出色阶"滑块来降低图像的对比度。除了选择"图像"→"调整"→"色阶"命令之外,还可以按Ctrl+L快捷键,打开"色阶"对话框,如图11-11所示。

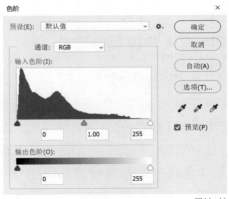

图11-11

单击"预设"下拉列表框右侧的下拉按钮，在弹出的下拉列表中有多种设置好的预设值，其主要作用是对图像进行各种明暗变化的调整。

单击"通道"下拉列表框右侧的下拉按钮，在弹出的下拉列表中选择所要调整的通道，再拖曳下方的滑块，可以改变单个通道的明暗效果，从而改变画面的色调和对比度。

"输入色阶"中有3个滑块，分别用于调整图像的暗部、中间色调区域以及亮部，拖曳相应的滑块，即可对相应的区域进行调整。

单击"自动"按钮，会解析图像的色调分布并自动进行明暗对比调节。

在吸管工具组中单击相应的按钮使其突出显示后，将鼠标指针移到图像中并单击，可进行取样。使用"设置黑场" ☒ 按钮可以使图像变暗；使用"设置灰场" ☒ 按钮可以用取样点像素的亮度来调整图像中所有像素的亮度；使用"设置白场" ☒ 按钮可以为图像中所有像素的亮度值加上取样点的亮度值，从而使图像变亮。

勾选"预览"复选框可以在图像窗口中预览调整效果。

在使用"色阶"命令时，在"色阶"对话框中，多通过"输入色阶"中的黑、白、灰3个滑块实现画面明暗对比的调节。以图11-12为例，画面整体偏暗，选择"图像"→"调整"→"色阶"命令，打开"色阶"对话框，将鼠标指针移动到直方图下方的白色滑块上，按住鼠标左键，向左拖曳白色滑块可提高画面亮度，向右拖曳黑色滑块可适当压暗画面暗部，向左拖曳灰色滑块可增加亮部区域的范围，使画面明暗过渡更自然，单击"确定"按钮，得到最终效果，如图11-13所示。

图11-12

图11-13

知识点 2 曲线

"曲线"命令用于调整图像的色彩、对比度和亮度等，使图像色彩更加协调。在Photoshop中，选择"图像"→"调整"→"曲线"命令，或按Ctrl+M快捷键，打开"曲线"对话框，如图11-14所示。

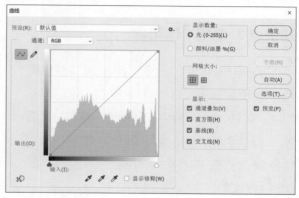

图11-14

单击"预设"下拉列表框右侧的下拉按钮，在弹出的下拉列表中有多种预设值，可用于直接对图像进行变换。选择不同的选项，"曲线"对话框中的参数也不相同，可以调整出颜色各异的图像。

对于"通道"，默认选择"RGB"，调整曲线时将对全图进行调节，也可选择不同的颜色通道并进行调节。

在曲线调整框中，横轴代表的是像素的明暗分布，最左边是暗部，最右边是亮部，中间就是中间调；曲线图中间有一条对角线，操作曲线其实就是调整对角线的位置。单击可在曲线上添加控制点，然后对它进行上下调整。将控制点往上调整，曲线向上移动，图片就会变亮；将控制点往下调整，曲线向下移动，图片就会变暗。

在"显示"选项组中，勾选相应复选框可决定中间曲线调整框中显示的详细参数。

当使用"曲线"命令调节画面明暗对比时，多手动调节中间曲线的形态。以图11-15为例，画面明暗对比较弱，选择"图像"→"调整"→"曲线"命令，打开"曲线"对话框，在曲线的右侧亮部区域单击以添加控制点，向上拖曳控制点以提亮画面的亮部，在曲线的左侧暗部区域单击以添加控制点，向下拖曳控制点以压暗画面暗部，则画面明暗对比增强，如图11-16所示。

图11-15

图11-16

提示　在对角线上创建的控制点越多，可以调整得越细致，但创建的控制点不是越多越好。调整的控制点太多了，图片就会失真。通常，在使用曲线命令时，最多添加14个控制点。如果要删除一个控制点，可直接将其拖出"曲线"对话框或选中该控制点后按Delete键。

知识点3　色相/饱和度

"色相/饱和度"命令可用于调节整张图片，也可用于调节单个颜色的色相、饱和度和明度。在Photoshop中，选择"图像"→"调整"→"色相/饱和度"命令，或按Ctrl+U快捷键，打开"色相/饱和度"对话框，如图11-17所示。

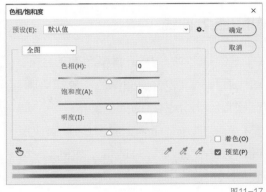
图11-17

默认选择"全图"选项，可以同时调节图像中的所有颜色；若选择某个颜色，可以单独调节其色相、饱和度和明度。

拖动"色相"选项下方的滑块，能够调节图像的色相，调整"色相"数值可以制作多种色彩效果。以图11-18为例，向左拖动滑块使其数值为负值，这里调节为-80，效果如图11-19所示。

图11-18   图11-19

拖动"饱和度"选项下方的滑块，能够调节图像的饱和度。向右拖动滑块可以提高饱和度，向左拖动滑块可以降低饱和度。图11-20所示为未调节饱和度的效果，画面颜色比较灰暗；图11-21所示为调节饱和度后的效果，画面颜色变得鲜艳。

图11-20   图11-21

拖动"明度"选项下方的滑块，能够调节图像的明度。向左拖曳滑块可使画面整体变暗，直至变成纯黑色；向右拖曳滑块可使画面整体变亮，直至变成纯白色。

勾选"着色"复选框，可以将图像变成单一颜色的图像。以图11-22为例，勾选"着色"复选框后，调节"色相"滑块至蓝色位置，画面色调变为蓝色，效果如图11-23所示。

在吸管工具组中，选择任意颜色选项可激活吸管工具，或单击 按钮，当把鼠标指针移动到画面中时，将自动切换为吸管工具。单击画面中的任意颜色，"全图"选项切换为所选颜色选项。吸管 工具用于选取调节的颜色，选择添加到取样工具 ，吸取画面颜色时可扩大调色范围，选择从取样中减去工具 吸取画面颜色时可缩小调色范围。这时调节色相、饱和度或明度将只针对特定颜色进行调节。

在实际操作中，很少对图片的整体色相进行调整，进行局部微调居多。以图11-24为例，将上方绿色马卡龙调整为紫色。激活吸管工具，使用吸管工具单击绿色，设置调色范围为绿色。使用添加到取样工具适当增加调色范围，然后对色相/饱和度进行调节，效果如图11-25所示，绿色马卡龙变为紫色且其他颜色受到的影响较小。

图11-22

图11-23

图11-24

图11-25

提示 当饱和度为0时，图像会变为黑白图像，这与使用去色命令的效果相同，按Shift+Ctrl+U快捷键可直接将图像变为黑白图像。

知识点 4 色彩平衡

色彩平衡命令用于调整图像中出现的颜色偏差，添加不同的色彩可改变图像的冷暖。在Photoshop中，选择"图像"→"调整"→"色彩平衡"命令，或按Ctrl+B快捷键，打开"色彩平衡"对话框，如图11-26所示。

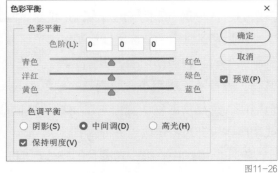
图11-26

在“色彩平衡”选项组中，在“色阶”文本框中，可以输入-100 ~ 100的整数值，以改变图像的色调偏向，也可以通过拖动下方的任意一个颜色滑块改变图像的色调偏向。

以图11-27为例，为了将蜥蜴和周围环境的颜色调节为偏暖色调，可将青色和红色之间的滑块向红色拖曳，将黄色和蓝色之间的滑块向黄色拖曳，增加图像中的红色和黄色，如图11-28所示。

图11-27 图11-28

“色调平衡”选项组用于设置需要进行调整的色彩范围，有“阴影”“中间调”和“高光”3个单选按钮，选择其中一个单选按钮，就可以对相应的像素进行调整。若勾选“保持明度”复选框，调整色彩时图像亮度将保持不变。

> **提示** 在“色彩平衡”对话框中，按住Alt键，“取消”按钮会切换为“复位”按钮，单击“复位”按钮，可快速将各选项恢复为原始设置。

知识点 5 创建调整图层

在Photoshop中使用调整图层或调色命令都能进行调色。调整图层与调色命令的功能基本一致。

调整图层与调色命令最大的差别在于，若使用调色命令对图片进行调整，其改变是不可逆的，会破坏原来图片的像素，属于破坏性编辑；若使用调整图层，所有的调色结果都将放在一个新的图层上，属于非破坏性编辑。因此，当对图片进行比较复杂的调色处理时，建议使用调整图层进行处理。若使用调整图层与图层蒙版对图片的局部进行精细调整，操作起来更加方便，还可以方便后续的修改和编辑。

具体操作方法如下。如图11-29所示，单击“图层”面板下方的 ◐ 按钮，在弹出的菜单中选择所需的调色命令，这里选择“色相/饱和度”，将画面调整为黑白色调。添加图层蒙版，将中间色相的调整效果隐藏，这时画面中间的杯子恢复彩色色调，其他位置保持黑白色调，最终效果如图11-30所示。

1. 纯色调整图层

添加纯色调整图层，可直接给背景填充纯色，且改变画布大小时背景颜色也随着变化。双击调整图层，会弹出“拾色器（纯色）”对话框，可在其中改变背景颜色，如图11-31所示。

图11-29　　　　　　　　　　　　　　　　　　　图11-30

图11-31

2. 渐变映射调整图层

在图层上方添加渐变映射调整图层，渐变色会根据画面的明暗分布分别确定起始颜色和结束颜色。起始颜色改变的是暗部的色调，结束颜色改变的是亮部的色调，如图11-32所示。通过叠加和柔光，以及调节图层不透明度，增强画面的冷暖色调。多选择冷色和暖色的渐变，为暗部选择冷色，为亮部选择暖色，如图11-33所示。

图11-32

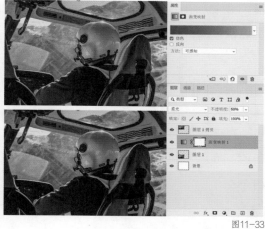

图11-33

3. 可选颜色调整图层

添加可选颜色调整图层，可根据画面中的颜色分布有针对性地增加或减少某一色调中三原色和黑色的含量，实现对画面颜色的精细调整。例如，要降低图11-34中蓝色和青色的饱和度，可在"颜色"选项中依次选择"蓝色"和"青色"并进行调整，将"属性"面板中的"青色"滑块向左拖动以降低青色的含量，同时画面中蓝色的部分还含少量红色，在调整青色和蓝色时适当地向左调整"红色"滑块。最终效果如图11-35所示。

图11-34

图11-35

Photoshop 2023中有很多调色命令，有些调色命令的作用大同小异，不需要全部掌握。注意，理解色彩的应用知识并灵活掌握主要的几个调色命令即可。其中，"曲线"命令和"色阶"命令主要用于增强画面的明暗对比；"色相/饱和度"命令主要用于调节画面的色相和饱和度；"色彩平衡"命令主要用于改变画面的冷暖，比"色相/饱和度"命令调节得更细致。清楚了这些，其实调色就没有那么难了。

综合案例　合成图像调色

对于本案例，使用图11-36所示的图像源文件进行调色，将图像色调调整为统一的偏冷色调。通过对图像的调色，读者可以进一步掌握调色命令的用法。最终调整效果如图11-37所示。

图11-36　　　　　　　　　　　　　　　　　　　　　　　　　图11-37

1. 调节思路

源文件是一幅合成图像，其中的元素来自不同的拍摄环境，在调节颜色时，先从大环境进行调节，各部分色调统一以后，再进行整体调整。如果要统一色调，首先要以某一个色调为主，这里以中间部分为主要色调。

2. 调节背景色调

调节后面的山峰部分（即背景），添加色彩平衡调整图层，调节背景整体的颜色倾向，具体设置如图11-38所示。添加色阶调整图层，增强画面的明暗对比，具体设置如图11-39所示（仅供参考）。调整后的效果如图11-40所示。

图11-38　　　　　　　　　　　图11-39　　　　　　　　　　　图11-40

3. 调节中景色调

调节中间图像的色调以保证和背景色调统一，添加色相/饱和度调整图层，降低饱和度，具体设置如图11-41所示。添加曲线调整图层，增强中间图像的明暗对比，具体设置如图11-42所示。添加色彩平衡调整图层，改变画面的色调倾向，具体设置如图11-43所示。调整后的效果如图11-44所示。

图11-41

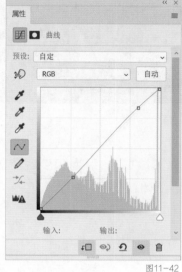

图11-42

图11-43

4. 调节前景色调

前景颜色的饱和度过高，在图像上层添加色相/饱和度调整图层，降低其饱和度，具体设置如图11-45所示。添加色彩平衡调整图层，调整画面色调，使其与背景色调保持统一，具体设置如图11-46所示。调整后的效果如图11-47所示。

图11-44

图11-45

图11-46　　　　　　　　　　　　　　　　　　　　　　　　　　图11-47

5. 调节人物色调

　　人物图像的饱和度过高，为其添加色相/饱和度调整图层，降低其饱和度，具体设置如图11-48所示。添加色彩平衡调整图层，将人物色调与背景色调统一，具体设置如图11-49所示。调整后的效果如图11-50所示。

图11-48　　　　　　　图11-49　　　　　　　　　　　　　　图11-50

6. 增强画面整体的明暗对比

　　图像整体色调统一后给图像添加暗角，以突出中间部分。在所有图层上方添加曲线调整图层，将整体压暗，使用黑色画笔工具将曲线调整图层的中间部分遮住，隐藏压暗效果，具体设置如图11-51所示。新建图层，用画笔工具涂抹深色，设置图层的"混合模式"为"正片叠底"，进一步将下方压暗。调整后的效果如图11-52所示。

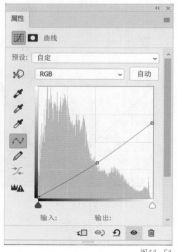

7. 调节氛围

　　整体明暗调整完成后，添加曲线调整图层，微调画面的明暗对比效果，具体设置如图11-53所示。添加色相/饱和度调整图层，适当增加画面的饱和度，具体设置如图11-54

图11-51

所示。添加色彩平衡调整图层，选择"中间调"选项，具体设置如图11-55所示。选择"高光"选项，具体设置如图11-56所示。最终效果如图11-57所示。

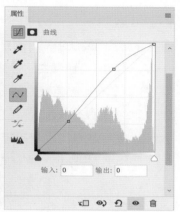

图11-52

图11-53

图11-54

图11-55

图11-56

图11-57

153

练习题

1. 选择题

（1）下面说法中错误的是（　　）。

A．RGB颜色模式是设计中最常用的一种颜色模式，它由红、绿、蓝3种颜色组合而成

B．CMYK颜色模式是一种印刷模式，它由青、洋红、黄、黑4种颜色组成

C．将图像从RGB颜色模式转换为CMYK颜色模式，图像没有任何改变

D．彩色图像可以直接转换为位图模式

（2）可以将彩色图像变成黑白图像的命令是（　　）。

A．曲线　　　　　B．去色　　　　　　C．色阶　　　　　　　D．色相饱和度

参考答案：（1）C、D；（2）B、D。

2. 判断题

（1）使用"色彩平衡"命令与"色相/饱和度"命令都可以将具有多种色彩的图像调整为单一色调，并对其饱和度等进行调整，使图像效果更丰富。（　　）

（2）使用"色相/饱和度"命令可以调整单个颜色的色相、饱和度和亮度，或者同时调整图像的所有颜色。（　　）

参考答案：（1）×；（2）√。

3. 操作题

使用调色命令将图11-58所示的图像调整为偏紫色调，并将天空的颜色调整为偏蓝的颜色，效果如图11-59所示。

图11-58　　　　　　　　　　　　　　　　　　　　　　图11-59

操作提示

步骤1 添加色彩平衡调整图层，将画面颜色调整为偏紫色调，分别对中间调和高光进行调整，如图11-60所示。

图11-60

步骤2 添加色相/饱和度调整图层，结合图层蒙版将天空调整为偏蓝的颜色，如图11-61所示。

图11-61

步骤3 添加曲线调整图层，增强画面的明暗对比并进一步增加画面中的蓝色调，如图11-62所示。

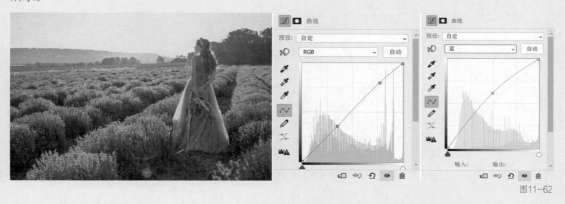

图11-62

第 **12** 课

通道的应用

通道是Photoshop中的高级功能，通道不仅可用于记录图像中的选区和颜色信息等，还可用于创建精确的选区。使用滤镜可对通道进行变形、色彩调整，从而制作出特殊的图像。本课将对通道的基本概念、基础操作和通道的应用（抠图）等逐一进行讲解，帮助读者掌握通道这一高级功能。

本课知识要点：

● 通道；

● 通道抠图。

第1节 通道

通道存储的是不同类型的灰度图像，打开不同颜色模式的图像后，通道中的信息会相应地发生变化，每个通道保存相应颜色的信息，它是选取图层中某部分图像的重要方法。下面将讲解通道的类型、"通道"面板，以及复制和删除通道等的基本知识。

知识点 1 通道的类型

通道主要分为颜色通道、Alpha 通道和专色通道。

1. 颜色通道

颜色通道主要用于记录图像中颜色的分布信息，使用颜色通道可以方便地在颜色对比度较大的图像中建立选区。不同颜色模式的图像的颜色通道不同，灰度模式的图像只有一个颜色通道，如图12-1所示。RGB颜色模式的图像有RGB、红、绿和蓝4个颜色通道，如图12-2所示。CMYK颜色模式的图像有CMYK、青色、洋红、黄色和黑色5个颜色通道，如图12-3所示。

图12-1   图12-2   图12-3

> **提示** RGB颜色模式和CMYK颜色模式中的 RGB通道与CMYK 通道是复合通道，是下方各颜色通道叠加后产生的通道。若隐藏其中任何一个通道，复合通道也将自动隐藏。

2. Alpha 通道

在"通道"面板中，新建的通道名称默认为Alpha N（N 为自然数，按照创建顺序递增）通道，用于保存图像选区的蒙版，而不是保存图像的颜色，且不会影响原图像的颜色，如图12-4所示。生成的Alpha通道中选区内为白色，选区外为黑色，如图12-5所示。如果想调用保存的选区，可选中保存该选区的Alpha通道，按住Ctrl键并单击通道的缩略图。

若单独新建一个 Alpha 通道，新建的Alpha 通道在图像窗口中显示为黑色，表示无选区状态。

单击"通道"面板右上角的■按钮，在弹出的菜单中选择"新建通道"命令，弹出"新建通道"对话框，可通过选择不同的单选按钮建立黑色或白色通道，如图12-6所示。

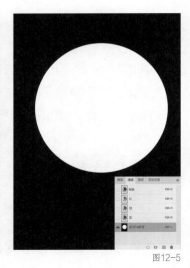

图12-4

图12-5

> **提示** 当选择"被蒙版区域"单选按钮时，Alpha通道的颜色为黑色，当选择"所选区域"单选按钮时，Alpha通道的颜色为白色。在通道中，白色表示有色区域，黑色表示无色区域。

3. 专色通道

在进行特殊印刷时，专色通道可用特殊的预混合油墨来代替或补充印刷色（CMYK），每一个专色通道都有相应的印版。单击"通道"面板右上角的■按钮，在弹出的菜单中选择"新建专色通道"命令，可进行专色通道的建立。

知识点 2 "通道"面板

打开图像文件后，在"图层"面板中，单击"通道"选项卡，即可打开"通道"面板，如图12-7所示。

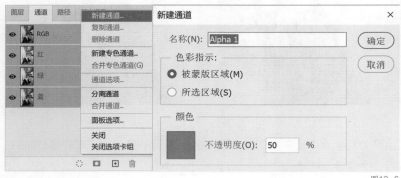

图12-6

图12-7

"通道"面板的说明如下。

● 指示通道可见性的■按钮用于控制该通道中的内容在图像窗口中显示。

● 通道名称用于显示该通道的名称，其中 Alpha 通道可通过双击其名称进行重命名操作。

● 单击"将通道作为选区载入"■按钮，可将当前通道的图像转换为选区。

● 单击"将选区存储为通道"■按钮，可将图像中的选区转换为一个遮罩选区，并将其保存在新建的 Alpha 通道中。

- 单击"创建新通道" 按钮，可创建一个新的 Alpha 通道。
- 单击"删除通道" 按钮，可删除当前通道。

知识点 3 复制和删除通道

复制通道可避免编辑通道后不能还原图像，删除通道可释放磁盘空间。

1. 复制通道

当需要对通道中的选区进行编辑操作时，可以先复制通道的内容，然后对得到的副本进行编辑，以免编辑通道后不能还原图像。复制通道的方法和复制图层的方法类似，选择需要复制的通道，然后按住鼠标左键，将选择的通道拖曳到"创建新通道"按钮上，释放鼠标左键后即可。

2. 删除通道

删除通道是指在编辑后删除不需要的 Alpha 通道，从而释放磁盘空间。删除通道的方法很简单，只需按住鼠标左键，将选择的通道拖曳到"删除通道"按钮上即可，或右击并在弹出的菜单中选择"删除通道"命令。

第2节 通道抠图

选区、通道和蒙版的原理相通，在实际应用中也经常会互相转换。本节主要讲解通道与色彩、选区、蒙版之间的关系，从而帮助读者更好地掌握利用通道抠图的技能。

知识点 1 通道与色彩

颜色通道中不同亮度的原色混合，可使图像呈现不同的颜色。在设计工作中，RGB 颜色模式的图像使用最多，这里就以 RGB 颜色模式的图像为例讲解通道与色彩的关系。

在 RGB 颜色模式下，所有的颜色都由值为 0 ~ 255 的红色、绿色、蓝色组合而成。其中，0 表示没有颜色信息，255 表示颜色信息为最大值，如 255 的红色就是最鲜艳的红色。图像中的红色、绿色、蓝色信息分别存储在红、绿、蓝通道中。在使用调整图层进行图像调色时，操作的也是颜色通道中的颜色信息。

接下来以图12-8为例讲解通道混合的原理。新建图层并为其填充黑色，切换到"通道"面板，分别在红、绿、蓝通道上填充白色，在RGB通道中可以看到红色、绿色、蓝色3个圆。这是因为在红通道中填充了白色，表示红色的数值为255（最大值），所以RGB通道中显示为最鲜艳的红色。若将3种颜色叠加，则会形成黄色、洋红色、青色、白色4种颜色，如图12-8所示。

若不同数值的颜色通道混合，就会呈现不同色相的颜色。

在图像中颜色通道的黑、白、灰代表的是不同的颜色强度。黑色表示颜色最少，白色表示颜色最多，灰色介于两者之间。以RGB颜色模式的图像为例，其整体效果如图12-9所示。若其处于红通道，则如图12-10所示。可见，图12-9中红色比较多的地方在红通道中显示为比较亮的颜色（白色），红色比较少的地方在红通道中显示为比较暗的颜色（黑色）。

图12-8

图12-9

图12-10

为什么白色在红通道中也显示为亮色？因为三色叠加在一起为白色（255，255，255），数值最大，所以白色在红、绿、蓝通道中显示的都是白色。

知识点2　通道与选区

了解通道与色彩的关系，可帮助读者理解如何利用颜色分布建立选区。在RGB颜色模式的图像的通道中，按住Ctrl键并单击通道的缩略图，在通道中白色和灰色的部分生成选区，在黑色的部分则不生成选区。当使用通道中载入的选区抠取图像时，抠出的图像具有不同的不透明度效果。在通道中，对于纯白色部分生成的选区，抠出的为清晰的图像；对于灰色部分生成的选区，抠出的为半透明的图像，因为在黑色部分不生成选区，所以也无法抠出图像。

以图12-11为例，使用通道将图中枫叶最大限度地抠出。打开图片，切换到"通道"面板，观察通道中的明暗对比强度，发现蓝通道中的明暗对比最强，按住Ctrl键并单击蓝通道的缩略图，载入的是背景选区。按Ctrl+Shift+I快捷键反选，得到枫叶选区。单击RGB通道，再单击"图层"选项卡，回到"图层"面板，选中图片，按Ctrl+J快捷键，复制选区内的图像，抠出枫叶图像，抠出的图像具有不同的不透明度效果，如图12-12所示。

图12-11

图12-12

知识点3 通道抠图的应用

通道抠图多用于抠取冰、火、纱、玻璃等具有不透明度效果的图像。

在用通道生成的选区抠图时，并不是选择白色区域越多的通道，抠出的图像就越精准，而是选择明暗对比越强的通道，抠出的图像越清晰。如果选择的图片的颜色通道明暗对比都不强，可选择明暗对比相对较强的一个通道，将其复制为Alpha通道并使用"色阶"命令增强明暗对比，通过Alpha通道得到相对精准的选区再进行图像的抠取。

下面以一个小的合成案例来帮助读者更好地掌握通道抠图的方法。运用通道将图12-13中的玻璃抠出，再将其置入图12-14中，营造出酷炫的效果。

图12-13

图12-14

　　打开玻璃图片，查看其通道的明暗对比情况，选择明暗对比最强的红通道，效果如图12-15所示。在"通道"面板中，选中并拖曳红通道至"创建新通道"按钮上，对其进行复制，使用"色阶"命令增强复制出的红通道的明暗对比，效果如图12-16所示。按住Ctrl键并载入复制出的红通道中的选区，回到"图层"面板，抠出玻璃图像，效果如图12-17所示。将抠出的图像置入人像文件，若想使图像融合自然，可将玻璃图层的"混合模式"设置为"滤色"，最终效果如图12-18所示。

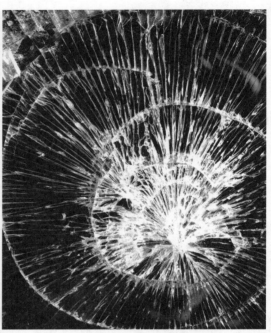

图12-15
图12-16

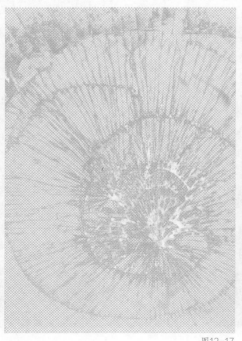

图12-17
图12-18

通道的功能比较强大，使用通道的主要目的是得到选区，从而对特定选区进行调色、填充、抠图、添加滤镜等操作。不同明暗对比的通道生成的选区的不透明度也不同。用户可根据设计需要对通道进行操作，以获得想要的设计效果。

综合案例 "我的青春范"海报设计

在本案例中，将用图12-19所示的素材进行人物海报的设计。通过制作本案例的海报，读者可以加强对通道的理解，巩固通道抠图的方法与技巧。海报的最终效果如图12-20所示。

海报尺寸是1080×1920像素。

分辨率是72像素/英寸。

颜色模式是RGB颜色模式。

碎石　　　　　　　　火2

火1　　　　　　　　纹理　　　　　　　　模特

图12-19　　　　　　　　　　　　　　　　图12-20

1. 创作思路

暗色的背景能更好地突出人物。蓝色烟雾和赤红火焰不仅能更好地衬托出人物的"不羁"，还能更好地贴合主题"我的青春范"。碎石、碎片类元素多用于丰富画面。

2. 搭建背景

新建文档并为其填充深蓝色渐变，效果如图12-21所示。置入纹理素材，设置图层的"混合模式"为"正片叠底"，用于增强背景质感。新建图层，使用画笔工具涂抹浅蓝色，并设置图层，使用的"混合模式"为"柔光"，将图像中间部分提亮，效果如图12-22所示。

图12-21　　　　　　　　　　　　　　　　图12-22

3. 添加火2素材

打开火2素材，选中红通道并按Ctrl键，载入选区，然后按住Ctrl键和Shift键，分别单击绿通道和蓝通道，载入所有通道内的火焰选区；回到"图层"面板，按Ctrl+J快捷键，复制选区内的图像，效果如图12-23所示。将抠出的火焰置入背景，缩放至合适大小并旋转90°，将火焰填充为蓝色（方法为锁定透明区域填充颜色），效果如图12-24所示。

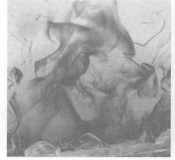

图12-23　　　　　　　　图12-24

4. 添加模特素材

将模特素材置入文档，新建图层，使用画笔工具在人物左右两边分别涂抹橙色和蓝色，并设置图层的"混合模式"为"柔光"，使人物融入背景。给人物添加内阴影样式，制作人物轮廓亮光，在人物左右两边分别添加内阴影样式并设置图层的"混合模式"为"滤色"。将鼠标指针移到 fx 图标上并右击，在弹出的菜单中选择"创建图层"命令，将内阴影样式分离为独立图层，并添加图层蒙版，将图像下方的阴影效果遮挡，如图12-25所示。

图12-25

5. 添加火1和碎石素材

使用通道分别抠出火1和碎石图像，抠取方法与火2的相同。将抠出的图像置入背景并放置在人物上方，丰富画面，效果如图12-26所示。

6. 添加文案

在人物右上方添加主标题"我的青春范"并进行大小错落排版，添加英文"MY YOUTH FAN"，丰富标题元素。使用自定义形状工具为文案"我就是我 不一样的烟火"添加对话框图形。在下方添加辅助文案"秀出你的范 超级男模大赛"，并进行倾斜处理以与人物动态呼应；添加日期"6/18至7/18"并使用橙色作为背景点缀画面。最终效果与图层结构如图12-27所示。

图12-26　　　　　　　　　　图12-27

练习题

1. 选择题

（1）RGB颜色模式的图像具有（　　）个通道。

A. 4　　　　　　　　B. 3　　　　　　　　C. 5　　　　　　　D. 1

（2）在通道中除了颜色通道外还有（　　）。

A. 专色通道　　　　　B. 选区通道　　　　　C. Alpha通道　　　D. 蒙版通道

参考答案：（1）A；（2）A、C。

2. 判断题

（1）通道中白色区域表示没有颜色分布。（　　）

（2）对于通道，可以复制、调色、添加滤镜、载入选区。（　　）

参考答案：（1）×；（2）√。

3. 操作题

使用图12-28所示的素材制作果汁海报，进行通道抠图练习，参考效果如图12-29所示。

海报尺寸是1080×1920像素。

分辨率是72像素/英寸。

颜色模式是RGB颜色模式。

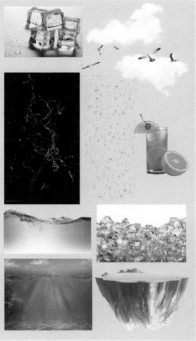

图12-28

图12-29

步骤1　创建一个1080×1920像素的空白文档，新建图层并为其填充蓝色从不透明到透明的渐变，绘制出天空。

步骤2　置入海底素材并放置在画面下方，使用图层蒙版将上面的多余部分遮挡；置入冰台素材并放在海底图层上方复制海底图层，把它放置在冰台图层上方。在原有图层蒙版的基础上，使用画笔工具进行涂抹以遮挡中间部分，露出冰台下方。

步骤3　置入水波纹素材并放在海平面位置，再将其复制一层并水平翻转，用水波纹完全遮住海平面，将两个图层编组，添加图层蒙版，将一些多余的部分遮挡住，使水波纹与海底素材融合。

步骤4　置入果汁饮料素材，使用画笔工具为果汁饮料图层添加投影样式；添加曲线调整图层，用于增强画面的明暗对比。置入水滴素材，将其剪切到果汁饮料图层中并调整图层的"混合模式"为"柔光"，让水滴更自然。

步骤5　用通道工具抠出冰块，打开"通道"面板，选择明暗对比较强的通道，复制一层并按Ctrl+I快捷键进行反相，按住Ctrl键并单击复制出的通道，得到冰块选区，回到"图层"面板，在选区状态下填充白色，就可以得到比较干净、通透的冰块素材。置入冰块素材，在杯子底部制作冰块堆积效果，如果冰块立体感不够，可多复制一层，添加图层蒙版使冰块与杯子更加融合。

步骤6　置入云朵素材，并进行自由变换，调整云朵的大小和前后关系，增强画面的纵深感；置入海鸥元素，让画面更加丰富。

步骤7　使用文字工具为海报添加主标题和副标题，排版方式为垂直居中。另外，在所有图层上方添加曲线调整图层，进一步增强整体画面的明暗对比，同时添加从橙色到深蓝色的渐变映射调整图层，并设置图层的"混合模式"为"柔光"；适当调整图层的不透明度，增强画面的冷暖对比。

第 **13** 课

滤镜的应用

滤镜是使用 Photoshop进行图像特效制作时最常用的一种工具，通过它可以为图像添加各种艺术效果。

本课知识要点：

● 滤镜库和智能滤镜；

● 常用滤镜。

第1节　滤镜库和智能滤镜

滤镜主要分为内部滤镜和外挂滤镜两种。内部滤镜是集成在 Photoshop 中的滤镜，其中包括滤镜库中的滤镜和自定义滤镜。外挂滤镜需要用户从网上下载并安装。本节主要讲解滤镜库的操作方法与智能滤镜的作用。

知识点 1　滤镜库

滤镜库包含多种多样的滤镜效果，可用于快速地实现不同风格的图像效果。在设计工作中，滤镜库的使用概率不大，这里只简单讲解如何操作滤镜库。

以为图13-1添加滤镜效果为例，在Photoshop中，选择图像，选择"滤镜"→"滤镜库"命令，弹出"滤镜库"对话框，如图13-2所示。在"滤镜库"对话框的滤镜样式选择面板中，选择想要添加的滤镜效果，对话框左侧将会显示应用后的预览效果，对话框右侧可对当前效果进行相应的调整。当选择不同的滤镜效果时，预览效果不一样，设置也会随之变化，如图13-3所示。

图13-1

图13-2

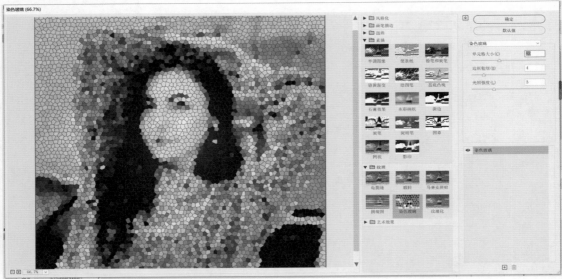

图13-3

提示 在"滤镜库"对话框中，按住Alt键并滚动鼠标滚轮可放大或缩小左侧的预览效果，以便随时观察图像细节。

知识点 2 智能滤镜

为智能对象图层添加的滤镜为智能滤镜，双击智能对象图层下的滤镜效果，可对添加的滤镜进行再次编辑。智能滤镜为控制效果显示的蒙版，使用画笔工具编辑智能滤镜可控制滤镜效果的显示和隐藏；也可单击智能滤镜左侧的 ◉ 按钮或方框状的按钮，切换滤镜效果的显示/隐藏。

以图13-4为例，按Ctrl+J快捷键将其复制一层，选中图层并右击，将复制出的图层转换为智能对象图层，选择"滤镜"→"滤镜库"命令，弹出"滤镜库"对话框，选择"扭曲"→"海洋波纹"滤镜效果，调整参数使效果更明显，如图13-5所示，单击"确定"按钮。这时图像便被添加了特殊的波纹效果，同时在智能对象图层的下方出现白色智能滤镜层，且所添加的滤镜效果也在智能对象图层下方显示。使用黑色画笔工具在智能滤镜层上涂抹，在图像窗口中被涂抹的部分恢复到正常状态，没有被涂抹的部分仍然保持添加滤镜后的效果，如图13-6所示。

图13-4

图13-5

提示 "滤镜"命令只能作用于当前正在编辑的、可见的图层或图层中的选区。此外，用户也可对整幅图像应用滤镜。滤镜可以反复应用，但一次只能应用在一个图层上。按Alt+Ctrl+F快捷键可重复应用上一次使用的滤镜效果。

图13-6

第2节 常用滤镜

设计中多使用自定义滤镜为图像添加丰富的效果。自定义滤镜有很多，但在设计中只有几个被经常使用。本节将讲解液化、风、动感模糊、高斯模糊、彩色半调、晶格化、镜头光晕、添加杂色、高反差保留等滤镜的添加与设置，帮助读者掌握滤镜知识，以便更好地应用到设计中。

知识点 1　液化滤镜

　　使用液化滤镜可以对图像的任何区域进行变形，从而制作出特殊的效果。在人像修饰过程中，使用液化滤镜可以更好地给人像"整形"。

　　下面以图13-7为例，使用液化滤镜对人物脸部进行调整并讲解有关液化滤镜的操作。在Photoshop中，打开人物图像，选择"滤镜"→"液化"命令，弹出"液化"对话框，如图13-7所示。

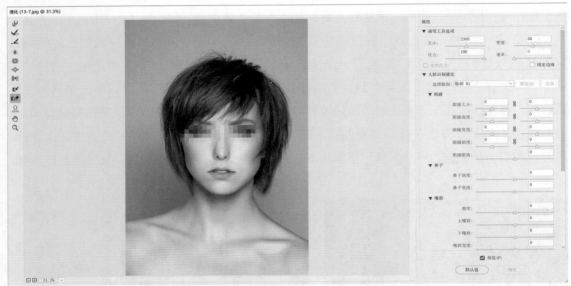

图13-7

　　调节"液化"对话框右侧的属性，可改变人物脸部结构。Photoshop会自动识别人物脸部，便于对五官进行调整。拖曳五官下方的滑块，可改变人物五官外形。可随时观察调整效果，这里对人物的嘴巴、眼睛、鼻子、脸部形状进行了调节，使人物五官发生了明显的改变，效果如图13-8所示。

　　液化对话框左侧的工具栏多在图像轮廓不够清晰或调整对象非人物脸部图像时使用。接下来，介绍其中常用的工具。

　　选择向前变形工具 ，拖曳鼠标指针可向里或向外推动图像。当在右侧调节数值不能满足需求时，也可选择此工具。笔头的大小可在右侧的"属性"面板中进行调节，也可以按【键和】键进行调节。

　　选择重建工具 ，在调整后的图像上拖曳鼠标指针，可使图像恢复原始状态。

　　选择褶皱工具 ，按住鼠标左键，可以使图像像素向中心点收缩，从而产生向内压缩变形的效果。

　　选择膨胀工具 ，按住鼠标左键，可以使图像像素背离中心点，从而产生向外膨胀放大的效果。

　　选择冻结蒙版工具 ，在图像上方拖曳鼠标指针，可在图像中创建蒙版，可将蒙版区域冻结，不受编辑操作的影响。

选择解冻蒙版工具 ✍️ ，在冻结蒙版遮住的部分进行涂抹，可解除图像的冻结状态。

图13-8

知识点 2 风滤镜

风滤镜可使图像具有被风吹动的效果，设计中多用风滤镜制作故障风的效果。

以图13-9为例，使用风滤镜制作故障风效果。打开风景图片并复制一层，双击复制出的图层，弹出"图层样式"对话框，在"混合选项"选项区域中，关闭"通道"选项中的任意颜色通道，如图13-10所示，单击"确定"按钮，回到"图层"面板。

图13-9

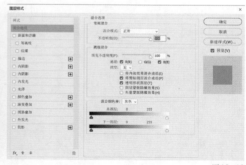

图13-10

选择复制出的图层，选择"滤镜"→"风格化"→"风"命令，弹出"风"对话框，如图13-11所示。风滤镜的实质是在图像中放置细小的水平线条来实现风吹的效果。"方法"选项组用于设置水平线条的粗细，"风"效果的水平线条比较细，"大风"效果的水平线条粗细适中，"飓风"效果的水平线条粗壮且图像变形明显，这里选择常用的"大风"效果，"方向"设置为"从右"，单击"确定"按钮，可得到类似于电视重影的效果，如图13-12所示。

提示 如果添加滤镜后效果不明显，可按 Alt+Ctrl+F 快捷键多次添加同一滤镜来增强效果。

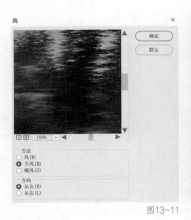

图13-11　　　　　　　　　　　　　　　　　　　　　　　　　　　　　　　　图13-12

知识点 3　动感模糊和高斯模糊滤镜

动感模糊滤镜和高斯模糊滤镜都属于模糊滤镜组。使用模糊类滤镜可以弱化图像边缘过于清晰或对比过于强烈的区域，在像素间实现平滑过渡，从而产生图像模糊的效果。

1. 动感模糊滤镜

动感模糊滤镜用于给图像添加运动效果，多用来模拟用固定的曝光时间拍摄运动的物体所得到的效果。

接下来以图13-13为例，制作鸡蛋晃动效果。在Photoshop中，打开鸡蛋文件并复制鸡蛋图层，对下层鸡蛋选择"滤镜"→"模糊"→"动感模糊"命令，弹出"动感模糊"对话框，如图13-14所示。设置"角度"可调节模糊的方向，这里设置"角度"为0度，使鸡蛋模糊方向为水平方向。"距离"用于设置模糊的范围，这里设置"距离"为840像素，使鸡蛋的晃动效果明显，效果如图13-15所示。

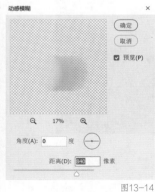

图13-13　　　　　　　　　　　　　图13-14　　　　　　　　　　　　　图13-15

2. 高斯模糊滤镜

高斯模糊滤镜用于使图像产生柔和的模糊效果，设计中多用高斯模糊滤镜模糊背景。

以图13-16中的3只小狗为例，使用高斯模糊滤镜将背景和两边小狗的模糊，突出中间的小狗。在Photoshop中，打开小狗图片，复制一层并将其转换为智能对象图层。选择"滤镜"→"模糊"→"高斯模糊"命令，弹出"高斯模糊"对话框，调节模糊半径，给图像添加模糊效果，如图13-17所示。这时添加的滤镜为智能滤镜，展开图层1，使用黑色画笔工具编辑智能滤镜，用画笔涂抹智能滤镜图层中间的小狗，此时中间小狗将不受滤镜的影响而变得清晰，效果如图13-18所示。

图13-16

图13-17

图13-18

知识点 4 彩色半调滤镜

彩色半调滤镜用于在图像中添加带彩色半调的网点，常用于制作波点效果。彩色半调的网点的大小受图像亮度的影响。

以图13-19为例，在Photoshop中，打开图像并复制一层，将复制出的图层转换为智能对象图层，选择"滤镜"→"像素化"→"彩色半调"命令，弹出"彩色半调"对话框，如图13-20所示。"最大半径"用于设置网点的大小，取值范围为4~127像素，这里设置为20像素。"网角（度）"选项组用于设置每个颜色通道的网格角度，其下共有4个通道，分别代表填入颜色的网角。需要注意的是，对于不同颜色模式的图像，颜色通道也不同。这里选择默认设置，单击"确定"按钮后的效果如图13-21所示。结合智能滤镜用画笔将右下方的效果擦除，制作出网点过渡效果，如图13-22所示。

图13-19

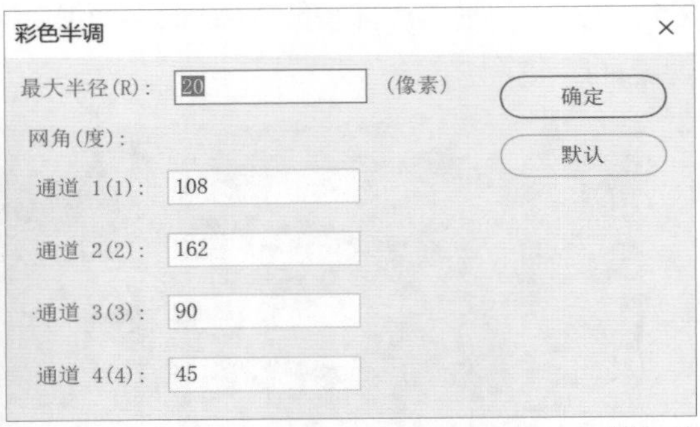

图13-20

彩色半调

最大半径(R)：　20　　　　　　　（像素）

网角(度)：

通道 1(1)：　108

通道 2(2)：　162

通道 3(3)：　90

通道 4(4)：　45

确定

默认

图13-21

图13-22

知识点 5　晶格化滤镜

　　晶格化滤镜用于在图像中添加碎片效果，结合选区工具和快速蒙版可以制作出撕纸效果。碎片的大小受单元格大小的影响。单元格越大，碎片越大；单元格越小，碎片越小。

　　以图13-23为例，在Photoshop中，打开图像，双击解锁图层，将图层转换为智能对象图层。选择"滤镜"→"像素化"→"晶格化"命令，弹出"晶格化"对话框，如图13-24所示。"单元格大小"滑块用于调节晶格化碎片的大小，效果如图13-25所示。

　　仍以图13-23为例，制作撕纸效果。在Photoshop中，打开图像，在上方新建空白图层，在空白图层上利用多边形选区工具绘制选区，并按Q键建立快速蒙版，在快速蒙版状态下选择"滤镜"→"像素化"→"晶格化"命令，给快速蒙版添加晶格化效果，如图13-26所示。再次按Q键，退出快速蒙版，在选区状态下填充白色即可得到边缘为锯齿状的撕纸效果。为了使效果更真实，可为白色区域添加内阴影样式，效果如图13-27所示，"单元格大小"数值在10~30比较合适。

图13-23

图13-24

图13-25

图13-26

图13-27

知识点6 镜头光晕滤镜

　　镜头光晕滤镜不仅可用于在图像中添加类似于照相机镜头反射光的效果，还可用于调整光晕的位置。该滤镜常用于创建强烈的日光、星光以及其他光芒效果。

　　以图13-28为例，给森林添加光照效果。为了便于单独编辑光照效果，在Photoshop中，先新建一个图层并填充为黑色。选中黑色图层，选择"渲染"→"镜头光晕"命令，弹出"镜头光晕"对话框，如图13-29所示。镜头光晕有4种光照效果，根据环境需要进行选择，这里选择"50-300毫米变焦"单选按钮，进行光照效果的添加，拖曳上方的"亮度"滑块，调整光照强度。在视窗中拖曳鼠标指针可调节光照位置，设置好镜头光晕参数后，单击"确定"按钮。回到"图层"面板，选择黑色图层，设置图层的"混合模式"为"滤色"，并添加图层蒙版将多余光晕擦除。至此，为图片添加镜头光晕效果完成，效果如图13-30所示。

图13-28

175

图13-29

图13-30

知识点 7　添加杂色滤镜

添加杂色滤镜多用于增强背景质感，或制作下雨、金属拉丝等效果。

这里以给图13-31所示的街景图添加下雨效果为例。在制作下雨效果时，需要添加杂色滤镜和动感模糊滤镜。在Photoshop中，打开街景图，新建图层并填充为黑色。选择"滤镜"→"杂色"→"添加杂色"命令，弹出"添加杂色"对话框，如图13-32所示。增大"数量"可增加杂点的密集度。当选择"平均分布"单选按钮时，生成的杂色效果柔和；当选择"高斯分布"单选按钮时，生成的杂色效果密集。若勾选"单色"复选框，可使杂色效果为黑白色的；若不勾选，则杂色效果为彩色的。这里选择"平均分布"单选项，且勾选"单色"复选框，拖曳"数量"滑块适当增加杂点密集度。

设置杂色图层的"混合模式"为"滤色"，便于观察动感模糊效果。给图像添加动感模糊效果，调节角度并设置适当距离，使杂点变为线条，效果如图13-33所示。若雨丝效果不明显，可通过"色阶"命令增强明暗对比，同时复制多层线条使雨丝的叠加更加明显，下雨效果如图13-34所示。

图13-31

图13-32

图13-33

图13-34

知识点 8 高反差保留滤镜

高反差保留滤镜用于在颜色强烈的区域，通过指定的半径值来保留图像的边缘细节，使图像的其余部分不显示，一般多用于突出人物脸部细节或在图像合成时增强画面质感。

这里通过增强图13-35中人物的结构轮廓来讲解高反差保留滤镜的作用。在Photoshop中，打开图像并复制一层，选中复制的图层，选择"滤镜"→"其他"→"高反差保留"命令，弹出"高反差保留"对话框，如图13-36所示。这时图像以灰度效果呈现，调节"半径"值可使轮廓对比发生变化，半径越大，图像越接近原图。这里的主要目的是强化图像轮廓，设置"半径"为1像素，可精准地识别出图像的轮廓，效果如图13-37所示。单击"确定"按钮后，将复制出的图层的"混合模式"设置为"叠加"或"柔光"，使人物的轮廓变得更加清晰，效果如图13-38所示。

图13-35

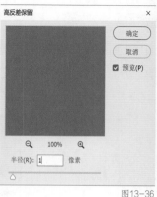
图13-36

图13-37

图13-38

综合案例 "爱生活、做自己"人物海报设计

在本案例中，用本课提供的人物素材（见图13-39），进行人物海报设计。通过制作本案例，读者可以巩固滤镜的应用技巧，海报最终效果如图13-40所示。

海报尺寸是1080×1920像素。

分辨率是72像素/英寸。

颜色模式是RGB颜色模式。

图13-39

图13-40

1. 创作思路

以高饱和度、高亮度的色调作为背景的主色调，增强画面的视觉冲击力。使用彩色半调滤镜制作波点效果，丰富画面。使用风滤镜打造文字抖动效果，添加圆形色块让单调的画面变得时尚而生动。

2. 搭建背景

在Photoshop中，新建文档并为其填充从橙色到黄色的线性渐变。新建图层，填充从100%橙色到0%橙色的渐变，并添加彩色半调滤镜效果；复制彩色半调滤镜效果图层，进行自由变换，为图像创建对称效果，如图13-41所示。

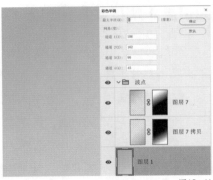

图13-41

3. 添加人物素材

在Photoshop中，将人物素材置入文档，按住Ctrl键并单击人物图层的缩略图以载入选区，基于人物选区新建图层，填充从红色到橙色的渐变，设置图层的"混合模式"为"叠加"；添加图层蒙版，使用黑色半透明画笔编辑蒙版，减弱渐变图层对下方人物图层的影响，效果如图13-42所示。

在Photoshop中，隐藏其他图层，打开"通道"面板，选择红通道并复制，再次添加彩色半调滤镜效果，如图13-43所示。按住Ctrl键并单击复制的通道以载入选区；回到图层蒙版，按Shift+Ctrl+I快捷键，反选，填充从橙色到紫色的渐变，并添加图层蒙版将人物脸部波点多的地方遮挡，如图13-44所示。

图13-42

图13-43

图13-44

4. 添加装饰图形

使用椭圆工具绘制圆形，丰富画面，适当降低上方蓝紫色圆的不透明度，使其与下方粉紫色圆呈现透叠效果，如图13-45所示。

5. 添加文案

添加英文"FASHION GIRL"并进行修饰，将其复制两层后左右错位排列，为其分别填充粉紫色和蓝紫色。将蓝紫色和粉紫色英文分别复制一层并应用风滤镜，均选择"大风"类型单选按钮且方向分别为"从左"和"从右"。在下方添加文字"爱生活、做自己"并复制两层，同样为它们填充不同的颜色并进行错位处理，效果如图13-46所示。

　　添加辅助文字"优呼形象设计 YUHO 可以很美 也可以很酷"以及模特名字"模特：艾悠悠"。最后按Shift+Alt+Ctrl+E快捷键，盖印图层，并为盖印图层添加高反差保留滤镜效果，设置"半径"为1像素；选中盖印图层，设置图层的"混合模式"为"叠加"，增强画面质感，最终效果及图层结构如图13-47所示。

图13-45

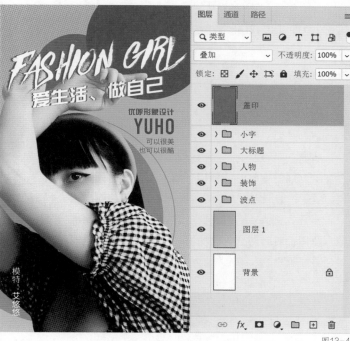

图13-46　　　　　　　　　　图13-47

179

练习题

1. 判断题

（1）将普通图层转换为智能对象图层后，就可以应用智能滤镜了。(　　　)

（2）高斯模糊滤镜和动感模糊滤镜的效果相同。(　　　)

（3）使用彩色半调滤镜可以制作波点效果。(　　　)

参考答案：（1）√；（2）×；（3）√。

2. 操作题

用图13-48所示的素材，结合在综合案例中学到的制作技巧，进行人物海报设计，参考效果如图13-49所示。

海报尺寸是1080×1920像素。

分辨率是72像素/英寸。

颜色模式是RGB颜色模式。

图13-48

图13-49

操作提示

步骤1　新建文件，创建背景图层并填充紫色，置入镭射纸素材并设置图层的"混合模式"为"柔光"。绘制中间的大图框并填充比背景色亮一些的紫色，同时设置白色描边，以便与背景拉开距离。复制镭射纸素材并粘贴到图框中，同时设置图层的"混合模式"为"柔光"。

步骤2　置入人物素材，结合背景色添加色彩平衡调整图层，对人物进行调色，使人物更好地融入背景，复制两个人物图层，分别使用图层样式对其进行颜色叠加，得到纯色人物轮廓并左右移动，得到蓝紫色人物轮廓。再次复制人物图层，将其移动到上方人物图层左侧，设置图层的"混合模式"为"柔光"，结合图层不透明度丰富画框背景。添加其他素材，进一步丰富画面细节。

步骤3　在人物图层的下方添加主文案，结合画面布局将人物与主文案穿插在一起。在下方添加副文案内容，通过上下标签条的形式让人物与画面更加融合。

步骤4　结合之前学习的撕纸效果的制作方法，在画面的下方制作辅助文案区域，让画面更加具有层次。

步骤5　盖印图层，添加高反差保留滤镜效果，并设置图层的"混合模式"为"叠加"，增强画面质感。

第 **14** 课

时间轴动画

虽然Photoshop 更多地用来制作静态图像作品，但是其实可以通过它的时间轴功能制作简单的动画或视频作品。本课将讲解时间轴动画的制作方法。

本课知识要点：
- 时间轴；
- 动画制作案例。

第1节 时间轴

使用Photoshop可以根据需要创建帧动画和时间轴动画。本节主要讲解帧动画和时间轴动画的创建方法。

知识点1 帧动画

帧动画也就是设计中常说的GIF动画，即将多个静态画面连续播放而形成的动画效果。帧动画的播放格式为GIF格式，多用于制作表情包或者Web页面中简单的动态广告，以及制作一些合成步骤演示动画。在Photoshop中，选择"窗口"→"时间轴"命令，弹出"时间轴"面板，选择"创建帧动画"选项即可进入帧动画编辑状态，如图14-1所示。

图14-1

1. 创建帧

以合成案例（见图14-2）的制作流程为例，讲解帧动画的制作方法。

在Photoshop中，打开合成案例源文件，选择"窗口"→"时间轴"→"创建帧动画"命令，弹出"时间轴"面板，帧动画的第一帧已自动创建，如图14-3所示。

图14-2

图14-3

在制作合成步骤的帧动画演示时，需要将合成案例源文件中的其他步骤隐藏，只显示第一步。如果想要创建第二帧，单击"复制所选帧" ⊞ 按钮，就会复制选中的帧。需要给第二帧赋予一些变化才能在播放动画时看到变化的效果。这里在第二帧中将隐藏的图层按照制作的流程依次显示，如图14-4所示。

按照制作第二帧的方法，依次制作剩下的帧。合成步骤是先搭建场景再进行调色。这里前半部分用于演示场景搭建，后半部分用于演示调色过程。如果想缩短演示动画的时长，在同一帧可显示多个图层。每一帧都是在前一帧的基础上复制并添加新的图层来制作的，如图14-5所示。

图14-4

图14-5

2．调整每一帧的播放时间

在每一帧的预览图下方，调整每一帧的播放时间。单击每一帧下面的时间，将打开时间设置菜单，可以在其中选择时间长度或设置自定义时间（这里可以按住Shift键并选中所有帧，给每一帧统一设置0.5秒的播放时间）。

3．播放设置

在"时间轴"面板中，可以调整动画的循环次数。在循环播放设置菜单中，如果选择"一次"选项，那么动画只播放一次；如果选择"永远"选项，动画就会循环播放，直至单击"暂停播放"按钮，一般多选择"永远"选项。

4．删除帧

如果想要删除多余的帧，可以先选中帧，然后单击"删除"按钮，也可将需要删除的帧直接拖曳到"删除"按钮上。

5．输出帧动画

在Photoshop中，选择"文件"→"导出"→"存储为Web所用格式"命令，或按

Shift+Alt+Ctrl+S快捷键，弹出"存储为Web所用格式"对话框，在"预设"下拉列表中，选择"GIF 128 仿色"格式（该格式可使图片过渡相对自然），如图14-6所示。

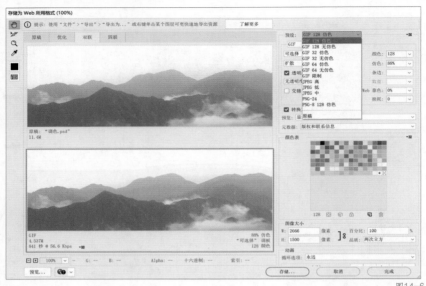

图14-6

6. 添加过渡帧

对于帧动画而言，帧数越多，画面越流畅、细腻，而帧数较少，动画的过渡会比较生硬。想要动画看起来更加流畅，就需要增加过渡帧。若手动添加，特别费时费力，在"时间轴"面板中有自动创建过渡帧的功能，可以帮助用户减少重复操作。

使用自动创建过渡帧的功能可以制作出很多不同的过渡（包括不透明度的过渡、位置的过渡、对象效果的过渡等）效果。这里以制作一个小的渐隐效果动画为例具体讲解操作方法。新建一个画布大小为500×500像素的文档，使用矩形工具绘制正方形，对于第一帧，设置不透明度为100%，对于第二帧，将形状的不透明度降低为0%。选中第二帧，如图14-7所示。在"时间轴"面板中，单击"创建过渡动画" 按钮，弹出"过渡"对话框，如图14-8所示。在该对话框中设置要添加的帧数，就可以创建出不透明度变化的过渡帧，此时的"时间轴"面板如图14-9所示。

图14-7

图14-8

图14-9

> 提示 虽然帧数越多动画会越流畅，但帧数越多也意味着文件越大，所以需要合理添加过渡帧。

知识点2 时间轴动画

时间轴动画与帧动画不同，使用时间轴动画模式可以制作一系列连续的动画短片。

在Photoshop中，打开本课提供的制作时间轴动画的演示文件，选择"窗口"→"时间轴"命令，弹出"时间轴"面板，选择"创建视频时间轴"，视频时间轴就创建出来了。在视频时间轴上，一个图层对应一条时间轴，如图14-10所示。另外，形状图层不能执行动画操作，执行前必须将形状图层栅格化或转换为智能对象图层。

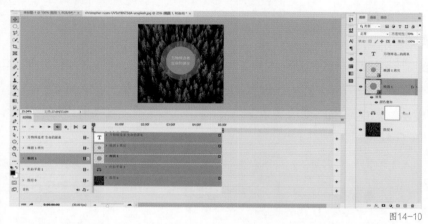

图14-10

拖曳"时间轴"面板下方的白色三角形滑块，可以放大或缩小时间轴，便于进行更精准的操作。在时间轴上可以看到不同图层的动作属性，不同类型的图层对应的时间轴属性不同。设置不同的动作属性可以调整视频时间轴中对象的动态效果，可以制作的常用动态效果包括位置的变化、不透明度的变化、样式的变化和形状的变化。

1. 位置的变化

在新建的画布上方，使用矩形工具绘制矩形，创建视频时间轴，单击"展开" › 按钮展开矩形图层的动作属性列表，在"位置"栏中单击"启用关键帧动画" ö 按钮，创建第一个关键帧 ◇；然后，把时间线调到想要的位置，将矩形调整到画布下方，将自动生成第二个关键帧，完成矩形从上至下位置变化的动作，效果如图14-11所示。

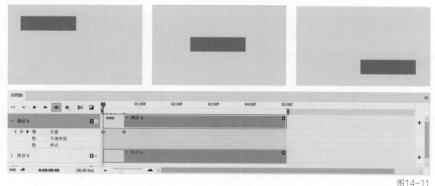

图14-11

2．不透明度的变化

用同样的矩形来制作不透明度的变化效果。首先，在时间轴的初始位置单击"不透明度"栏中的"启用关键帧动画"按钮，创建第一个关键帧；然后，把时间线调到想要的位置，更改矩形图层的不透明度为20%，创建第二个关键帧完成矩形不透明度变化的动作，如图14-12所示。

图14-12

3．样式的变化

用同样的矩形来制作样式的变化效果。设置好矩形的初始外描边效果后，在时间轴的初始位置，单击"样式"栏中的"启用关键帧动画"按钮，创建第一个关键帧；然后，把时间线调到想要的位置，更改矩形的描边参数，创建第二个关键帧。这样即可完成矩形样式变化的动作，如图14-13所示。

图14-13

4．形状的变化

在视频时间轴中，仅对智能对象可以进行形状的变换，所以需要将矩形转换为智能对象。在时间轴的初始位置，单击"变换"栏中的"启用关键帧动画"按钮，通过多次变换矩形形状和调整时间，即可创建多个关键帧。完成矩形形状变化的动作，如图14-14所示。

图14-14

5．过渡效果

在视频时间轴中可以设置动画的过渡效果。过渡效果针对的是元素，例如，为矩形图层设置渐隐过渡效果后，它就会在背景上缓慢地出现。设置过渡效果的方法是选中想要的过渡效果，将其拖曳至时间轴上，如图14-15所示。

通过过渡效果还可以调整过渡的时间长短，方法是选中过渡效果并拖曳。如果想要删除过渡效果，选中过渡效果并右击，在弹出的对话框中单击垃圾桶按钮（见图14-15）即可。

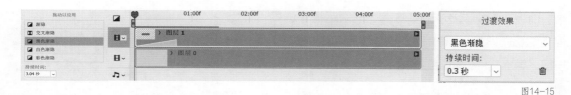

图14-15

提示 过渡效果只在导出视频格式的文件时才有效，在导出GIF格式文件时，过渡效果是无效的。

6. 设置视频时长

整个视频的时长在时间轴上受两个控点控制，调整这两个控点可以调整视频的时长，如图14-16所示。

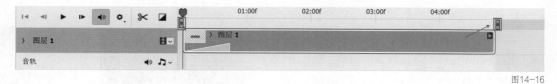

图14-16

7. 调整视频播放速度

在视频时间轴中，不仅可以制作简单的动画效果，还可以进行简单的视频剪辑和调色操作。在Photoshop中打开视频文件，在"时间轴"面板中，单击视频对应的时间轴末端（见图14-17）即可调整视频的播放速度。在调节"速度"百分比时，视频的持续时间与播放速度也会随之改变。若选择大于100%的值，视频的播放速度变快；若选择小于100%的值，视频的播放速度变慢。

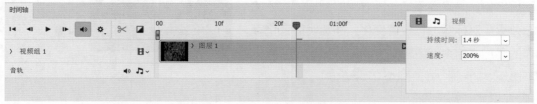

图14-17

8. 剪辑视频

按空格键可以开始或暂停播放视频。当视频播放到需要剪辑的地方时，可以单击"在播放头处拆分" ✂ 按钮对视频进行拆分。视频被拆分后，可以选中不需要的片段并按Delete键删除，删除的片段前后的两段视频将自动连接起来，并实现简单的剪辑，如图14-18所示。

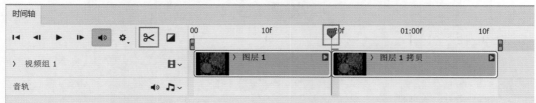

图14-18

9. 输出视频

在Photoshop中，想要输出视频文件，需要选择"导出"→"渲染视频"命令，或单击"时间轴"面板左下角的 → 按钮，在弹出的对话框中选择视频的格式，如H.264 格式等，然后单击"渲染"按钮，导出文件，如图14-19所示。

> **提示** 帧动画与时间轴动画可以相互转换，单击
> ▐▌按钮可将帧动画转换为时间轴动画，单击 ◻◻◻
> 按钮可将时间轴动画转换为帧动画。

图14-19

第2节　动画制作案例

在当前流行的设计风格中，常在手机弹窗或闪屏位置添加动画效果，以增强其视觉吸引力。本节以图14-20为例演示动画的制作方法。

在进行动画制作时，需要提前将一些图层合并和分类，如图14-21所示。

相对于帧动画，时间轴动画的过渡更自然，这里使用时间轴动画进行案例的演示。

在Photoshop中，打开文件，选择"窗口"→"时间轴"命令，弹出"时间轴"面板，分析图层结构，为需要添加动画效果的图层依次添加动画效果。对标题进行位置变化、不透明度变化等动作的添加，给中间内容文字添加从大到小的变化与不透明度的变化，如图14-22所示。

图14-20　　　　图14-21

图14-22

分别对装饰元素进行动画效果设置，将红包、金币等元素合并为一个图层并调整大小，如图14-23所示。

图14-23

　　给飞船和星球添加位置的变化，给宇航员和火箭进行不透明度的变化。当将需要添加的动画效果添加好以后，调整各元素的先后顺序，这里设定文字先出现，装饰元素后出现，如图14-24所示。

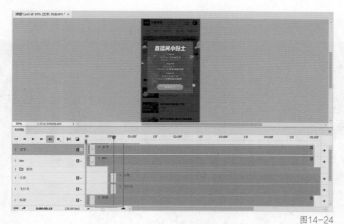

图14-24

　　将调整好动画效果的内容渲染为MP4格式的文件，将MP4文件置入Photoshop。进行播放速度的调节和多余元素的裁剪，如图14-25所示。

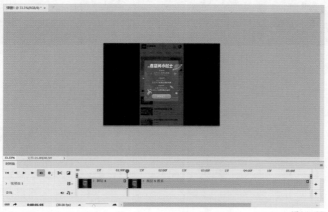

图14-25

提示　将播放速度调节好以后可根据需要将视频存储为GIF格式。

189

练习题

1. 判断题

（1）帧动画也就是设计中常说的GIF动画，即将多个静态画面连续播放而形成的动画效果。（　　）

（2）帧动画和时间轴动画可以相互转换。（　　）

（3）将制作完成的帧动画通过Shift+Alt+Ctrl+S快捷键存储为GIF格式的文件后即可播放。（　　）

参考答案：（1）√；（2）√；（3）√。

2. 操作题

根据本课提供的Banner源文件（见图14-26），给Banner添加动画效果，创建时间轴动画，给光效等添加闪烁效果。

图14-26

> **操作提示**
>
> 步骤1 创建时间轴动画，给产品周围的光圈添加渐隐效果。
>
> 步骤2 给瓶身上的高光添加闪烁效果，可以通过添加不透明度变化来实现闪烁效果。
>
> 步骤3 给圆角矩形上的高光添加闪烁效果，添加方法与瓶身高光的相同。
>
> 步骤4 可根据具体效果，选择添加或不添加文字部分，若添加，可将文字分为两部分。为上方的大标题和中英文部分添加从上到下的位置变化，为下方的文字添加从下至上的位置变化。

第 **15** 课

动作与批处理

动作和批处理是Photoshop中提升工作效率的重要功能，可以减少重复操作，快速完成图片的
批量处理。本课通过实际案例讲解动作的创建与编辑，以及进行批处理的要点。

本课知识要点：

- 动作的创建与编辑；
- 批处理的操作。

第1节　动作的创建与编辑

日常工作中经常会遇到需要进行相同操作的情况：当将图片上传到电商平台时，需要将图片裁成一样的尺寸；在处理画册图片时，需要将图片调整成统一的颜色风格……当图片的数量很多时，逐张操作的效率就太低了。这时可通过播放录制下来的动作，快速创建相同的图像效果。

下面通过一个案例来讲解动作的创建和编辑。打开本课提供的素材图片，如图15-1所示。这几张图片是需要上传到某图片共享平台的素材。这些图片要作为预览缩略图使用，需要的图片尺寸为100×100 像素，因此需要对每一张图片进行尺寸的调整。因为对每张图片的操作是相同的，所以可以用动作功能快速完成。

在Photoshop中，选择"窗口"→"动作"命令，弹出"动作"面板，如图15-2 所示。在"动作"面板中，有一个默认动作组，这个组中的动作是预设的，在工作中用得比较少。

图15-1

图15-2

单击"创建新组"按钮，创建一个动作组，更改组的名称为"分享缩略图"，如图15-2 所示。创建新组后，单击"创建动作"按钮，在弹出的"新建动作"对话框中，更改动作的名称为"调整尺寸"。单击"开始记录"按钮，如图15-3所示。"动作"面板下方的"开始记录"按钮变成一个红点，代表系统已经开始记录动作，如图15-3 所示。

因为图片的宽度、高度不同，所以先要更改画布大小，把图片变成正方形。在Photoshop中，选择"图像"→"画布大小"命令，将宽度更改为1000像素。将图片变成正方形后，在Photoshop中，选择"图像"→"图像大小"命令，将图片的尺寸更改为100×100像素。图片修改完成后的效果如

图15-3

图15-4所示。单击"动作"面板中的"停止记录"▪按钮，动作就记录好了，如图15-5所示。

　　如果记录动作的过程中发生了误操作，选中"动作"面板中的错误动作，将其删除即可。如果想要重新记录动作，再次单击"动作"面板中的"开始记录"按钮。

　　记录完动作后还需要将其应用到其他图片上。应用的方法是打开其他图片，选中对应的动作，单击"播放"▶按钮。同时，动作还可以保存下来反复使用。因为存储动作需要存储动作组，所以选中动作组，单击"动作"面板右上角的☰按钮，在弹出的菜单中选择"存储动作"命令，如图15-6所示，然后选择存储位置即可。

　　如果想要在其他计算机上使用这个动作，需要把动作载入软件。载入动作的方法是单击"动作"面板右上角的☰按钮，在弹出的菜单中选择"载入动作"命令，在计算机上找到这个动作，单击"载入"按钮即可。

图15-4

图15-5

图15-6

第2节　批处理的操作

　　设置好动作后，如果不想逐张对图片单击"播放"按钮并应用动作，可以使用"批处理"命令。接下来，依然以更改分享缩略图片尺寸为例进行介绍。

　　首先，在Photoshop中，选择"文件"→"自动"→"批处理"命令，弹出"批处理"对话框，如图15-7所示。在该对话框中可以选择需要的动作，在"源"下拉列表中选择图片的来源，在"目标"下拉列表中，选择"文件夹"选项，设置文件的导出位置，单击"确定"按钮，开始批处理的操作。

　　在自动关闭处理好的图片时，如果出现提示保存图片的对话框，说明还需要手动保存每张图片才能完成批处理的操作。

图15-7

想要解决上述问题，就需要勾选"覆盖动作中的'存储为'命令"复选框。若勾选这个复选框，会弹出一个提示，提示的内容大意是如果动作中存在"存储为"命令才可以进行覆盖，如果动作中没有"存储为"命令，那么勾选这个复选框也是无效的。

因此，需要再次修改动作。随意打开一张图片，打开"动作"面板，选中"分享缩略图"动作组下的"调整尺寸"，增加"存储为"动作，并将该动作保存下来。

再次打开"批处理"对话框，设置好动作、源、目标等选项，勾选"覆盖动作中的'存储为'命令"复选框，再单击"确认"按钮，文件就自动处理好了。

练习题

操作题

使用动作和批处理功能为本课提供的30张素材图片（见图15-8）增加水印，水印为"共享素材"徽标。水印的大小、位置需要保持一致，徽标的不透明度统一为60%，效果如图15-9所示。

图15-8

图15-9

操作提示

步骤1 在Photoshop中，新建动作组并录制动作，置入"共享素材"徽标并调节图层的不透明度为60%。

步骤2 调整好徽标位置，存储图片，结束动作录制并存储。

步骤3 选择"文件"→"自动"→"批处理"命令，在弹出的"批处理"对话框中，选择对应动作，设置"源"与"目标"等选项。

第 **16** 课

实 战 案 例

前面主要是对软件操作的讲解，本课程通过介绍综合案例帮助读者加强对知识点的掌握，但仅仅掌握软件的使用技巧无法创作出好的作品，需要经过看、思考、临摹、创作4 个步骤的强化训练才能提升设计水平。

本课知识要点：
- 海报设计；
- 字体设计。

第1节 海报设计

在设计工作中，海报设计十分常见，海报设计一般要体现出指定的主题和合作客户的特定需求等。在海报设计中好的创意非常重要，好的创意可以更好地表达出设计者的情感，传达产品的卖点。

知识点 1 创意思路

海报设计非常考验设计者的综合能力。初学者经常会把握不好设计的方向和表现形式，跟着教程可以很好地完成海报作品，可自己设计时不知从何下手。其实很多东西有规律，只要掌握了规律并且多尝试，设计出一张符合客户需求的海报并不难。

这里以一个运营类海报的设计为例，讲解如何构思和设计符合商业需求的作品。该运营类海报的内容是有关外卖订购的促销活动，客户要求突出显示优惠力度。该海报需要通过画面吸引用户，并展现活动内容。

1. 需求分析

当获得客户需求时，不是着手去设计，而是进行需求分析，了解客户的主要需求是什么。

在了解客户需求前，要清楚宣传的产品是什么，有什么特点，用户群体是哪类，竞品的表现风格有哪些，当前流行的设计风格是什么。

对于本案例，客户主营项目为美食订购，属于餐饮行业，由此信息可确定海报的主色调。在设计中餐饮行业的海报多以暖色调为主，容易让用户产生食欲和感觉到温馨。结合客户提供的文案"夏日专属厨房，满足你的味蕾""满30元减10元"，可知客户的主要需求是体现促销活动的内容和优惠力度，因此在设计中就要通过合理的视觉元素增强用户的代入感，从而引入优惠活动。

2. 竞品分析、查找设计参考

需求分析过后就进行设计风格的确定。快速获得灵感的方法就是借鉴，结合产品分析，参考竞品，分析竞品是如何体现产品的（作为初学者，借鉴是一个快速给你提供想法的不错的途径，即使是经验丰富的设计师，在进行正式设计之前，也要参考、借鉴其他设计师的优秀作品）。设计过程中前期的思考和分析时间比使用软件进行设计的时间更长。当前案例的参考作品如图16-1所示。

3. 绘制草图和收集素材

许多初学者经常曲解借鉴的真正意义，认为借鉴就是抄。借鉴和抄有明显的区别，抄是原版原样的复制，而借鉴是根据自己的分析，从优秀的作品中提取符合自己需求的亮点，并以一种新的形式将其应用到设计中。对于本案例，在色调上，参考3个作品的暖色调；在文案内容的展示上，参考第二个作品；在产品展示方式上，借鉴第三个作品；在氛围感上，参考第一个作品。最后，综合几个作品得到符合自己需求的设计思路。

图16-1

结合设计思路，绘制简单的草图，让设计构思更加具象，如图16-2所示。草图不一定要多么详细和美观，其主要作用是帮助设计师梳理思路，同时为前期素材的收集提供参考依据。在本案例中，收集的素材如图16-3所示。

提示 前期的构思只是一个大框架，因此素材并不是一次性收集到的。前期收集的素材主要用于大框架的搭建，在设计过程中随着画面的不断完善，再有针对性地收集其他素材。

图16-2

图16-3

知识点2 操作过程演示

前期的准备工作做好以后，就进入案例的制作过程。首先，搭建大背景，绘制窗台和桌面等，营造环境氛围并确定画面的整体调性。其他元素的添加则以环境氛围为基础，进行细节上的调整。

1．搭建背景

新建一个尺寸为1080×1920像素、分辨率为72像素/英寸的文档，使用矩形工具规划出窗户、墙面以及桌面区域，在墙面填充浅灰色、在窗户和桌面填充任意颜色用于占位，效果如图16-4所示。使用矩形工具与小白工具绘制窗框结构，使用直线工具、"自由变换"命令和"重复复制"命令绘制方格并将其剪切到墙面图层中，以模拟墙砖，效果如图16-5所示。

绘制墙面细节。在画面左侧绘制白色色块并选择"滤镜"→"模糊"→"高斯模糊"命令，将色块边缘羽化并设置图层的"混合模式"为"柔光"，模拟瓷砖的反光效果。为墙缝添加阴影样式，使墙缝更加真实，如图16-6所示。将所有与墙面相关的图层编为一组并在组的上方添加曲线调整图层，结合图层蒙版打造墙体的明暗关系，同时用灰咖色的从透明到不透明的渐变进一步细化墙面下部和右侧墙面的阴影，并设置图层的"混合模式"为"正片叠底"，让阴影更加自然，如图16-7所示。

图16-4

图16-5

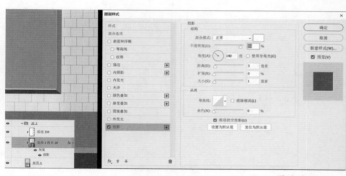
图16-6

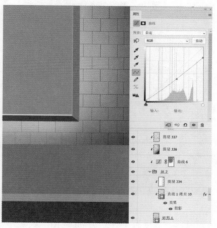
图16-7

置入窗外风景素材并剪切到窗户的占位色块中，选择"滤镜"→"模糊"→"高斯模糊"命令，虚化背景。因为室外场景要比室内亮一些，所以在室外风景素材图层上方添加色相/

饱和度调整图层，以降低画面饱和度，同时提亮室外风景素材；添加曲线调整图层，以增强画面的明暗对比。在室外风景图像左侧，使用画笔工具填充浅橙色并设置图层的"混合模式"为"柔光"，以提亮左侧树叶，使画面的明暗效果更加均衡，如图16-8所示。

为窗框区域的横竖两个宽条填充深咖色，置入木板素材并剪切到横竖两个宽条中，设置图层的"混合模

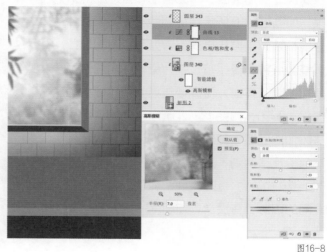
图16-8

式"为"柔光";为横竖两个细条填充浅咖色,复制木板素材并剪切到横竖两个细条中,同时设置图层的"混合模式"为"柔光"。将内侧横竖两根深色细条编为一组,要为该组添加内阴影样式,要添加两次内阴影样式,一次打造高光效果,另一次打造暗影效果。复制横竖两根深色细条并将它们合并为一个形状,将其放置在下方,为其填充暗咖色并调整形状属性中的"羽化"数值,将形状羽化,设置图层的"混合模式"为"正片叠底"。为窗框添加阴影效果,如图16-9所示。

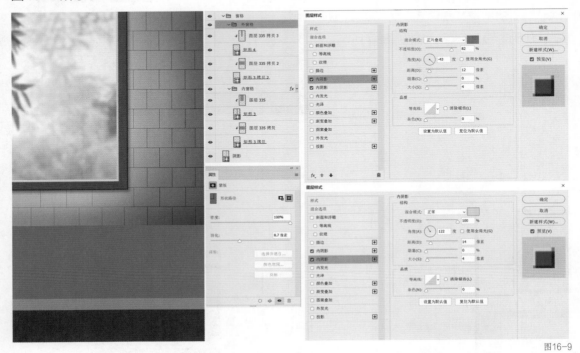

图16-9

　　将木板素材剪切到桌面中,添加曲线调整图层,使桌面整体变暗,选中曲线调整图层,使用选区工具绘制选区,按Shift+F6快捷键,羽化选区,填充黑色,打造光照效果,如图16-10所示。复制两次木板素材并分别粘贴到桌棱和桌身上。为桌棱添加曲线调整图层将桌棱压暗,并为桌棱的剪切蒙版添加内阴影样式,使桌棱与桌面衔接处更加自然、柔和,如图16-11所示。同样,为桌身添加曲线调整图层,使桌身变暗,再添加咖色的从透明到不透明的渐变并设置图层的"混合模式"为"正片叠底",使桌棱与桌身之间的阴影更有层次,如图16-12所示。

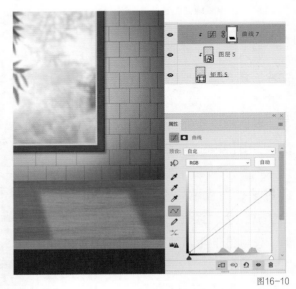

图16-10

图16-11

图16-12

2. 置入主视觉元素

置入碗面素材和竹席素材，将碗面放在竹席的上方，效果
如图16-13所示。结合背景整体的光影关系，为碗面添加光影
效果，在碗面上层添加曲线调整图层，使碗面整体变暗并使用
黑色画笔工具编辑曲线调整图层，使碗面左侧变亮，右侧变暗，
让碗面融入背景，结合画笔工具与图层混合模式，将亮部进一
步提亮、暗部进一步压暗。使用画笔工具与橡皮擦工具为碗面
底部添加阴影。阴影分为闭塞投影（碗面底部与桌面接触部分
最暗）和投射投影两部分，阴影暗部面积较大，可添加两层，
使阴影更有层次，如图16-14所示。在竹席上方，添加曲线调
整图层，使竹席的暗度与碗面的暗度相当。同时，根据光影关
系，使用黑色画笔工具编辑图层蒙版，将受光部分提亮，同时
为竹席添加阴影，使竹席更好地融入画面，如图16-15所示。

图16-13

图16-14

图16-15

201

　　置入筷子素材，通过自由变换将筷子进行翻转，并将筷子旋转到合适的角度，放置在碗面的上方。在筷子图层上方，添加色相/饱和度调整图层，将筷子调整为与画面色调接近的色调；并添加内阴影样式，为筷子添加逆光效果。复制筷子图层，添加颜色叠加样式，为筷子制作投影，并添加智能滤镜和高斯模糊滤镜，使投影边缘更加柔和。为阴影添加图层蒙版，用选区工具填充黑色，将阴影超出窗口的部分隐藏，如图16-16所示。

图16-16

　　置入小炒肉素材，结合光源照射范围，使用画笔工具在右侧涂抹淡黄色，同时设置图层的"混合模式"为"柔光"，提亮受光部分。使用深色画笔涂抹背光部分并设置图层的"混合模式"为"正片叠底"，使光影更自然。在小炒肉图层下方，绘制闭塞投影和投射投影，并设置图层的"混合模式"为"正片叠底"，如图16-17所示。

　　置入橙子素材，并添加色相/饱和度调整图层，降低其饱和度，使其整体色调与画面保持一致。添加曲线调整图层将整体压暗，结合图层蒙版将受光部分提亮。结合亮色画笔工具与图层混合模式将亮部进一步提亮、暗部进一步压暗，如图16-18所示。

　　置入螃蟹素材，并添加色相/饱和度调整图层，结合画面色调，将螃蟹的饱和度提高，添加曲线调整图层将螃蟹压暗，同时结合图层蒙版将受光部分提亮；结合亮色画笔与图层混合模式，进一步将受光部分提亮。

图16-17

复制螃蟹素材，添加颜色叠加样式，将复制的图层改为深咖色，结合垂直翻转，制作螃蟹下方的投影，再添加高斯模糊滤镜，将投影边缘羽化，使投影更加自然，如图16-19所示。

图16-18

图16-19

在画面右侧，置入擦菜板素材和木铲素材，并分别在两个图层上方添加曲线调整图层，将它们压暗，添加投影样式让画面更真实；再在两个图层上方添加暗色，进一步压暗右上角的暗角部分，如图16-20所示。

3. 打造氛围感

使用矩形工具绘制射光效果。绘制矩形条并利用"重复复制"命令复制出多个矩形条，合并所有矩形条并利用"透视"命令将矩形条拖曳为放射形；设置"羽化"值为合适的大小，将形状羽化，使光源边缘更加柔

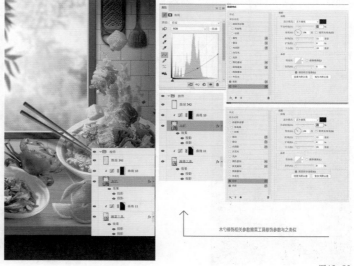
图16-20

和自然，设置图层的"混合模式"为"叠加"，同时降低图层不透明度，如图16-21所示。

新建黑色图层，选择"滤镜"→"渲染"→"镜头光晕"命令，选择第一个镜头类型，并设置图层的"混合模式"为"滤色"，打造光照效果；置入热气素材，用于营造食物热气腾腾的氛围感，如图16-22所示。

图16-21

图16-22

4．添加文案

选择衬线字体，输入主标题"夏日专属厨房 满足你的味蕾"，衬线字体与画面的整体氛围比较契合，画面显得更加精致。为文字图层添加描边样式、渐变叠加样式和内阴影样式，如图16-23所示。使用矩形工具绘制圆角矩形，为副标题搭建背板。为副标题添加描边样式、渐变叠加样式，使其与主标题形成级差关系；将数字设置为橙黄色，以突出优惠力度，如图16-24所示。使用矩形工具绘制按钮，为其添加描边样式和渐变叠加样式，如图16-25所示。

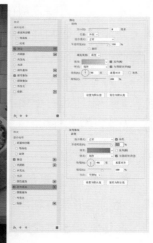

图16-23

图16-24

5．整体调色

在所有图层最上方，添加渐变叠加调整图层，增强画面的冷暖对比；添加曲线调整图层，增强画面的明暗对比。按Alt+Shift+Ctrl+E快捷键，盖印图层，并选择"滤镜"→"其他"→"高反差保留"命令，设置图层的"混合模式"为"柔光"，增强画面质感，如图16-26所示。

图16-25　　　　　　　　　　　　　　　　　　　　　　　　　　　图16-26

第2节　字体设计

文字在海报设计中有两个作用：一是说明作用，二是作为图片或者主视觉元素存在。在设计工作中大部分文字的字体不可随意使用，文字的字体是有版权的，当必须使用有版权的文字字体时，要么购买字体版权，要么自己设计字体来满足设计需求。本节主要讲解字体设计方法和字体设计案例。

知识点 1　字体设计方法

字体设计的主要方法如下。

● 分割法：将原本需要连接的笔画断开，设计时需要控制断开数量，如图16-27所示。

图16-27

● 共用借型：将一个笔画用于多个文字能够减少笔画数量，使多个文字的整体性更强，如图16-28所示。

图16-28

● 替换法：将文字中的某个笔画用与内容相关的形状替换，或使用其他文字的笔画替换已有笔画，如图16-29所示。注意，替换的方式一定要恰当，不要生搬硬套，并控制替换数量。

图16-29

● 象形法：将文字的外观按照文字或产品的含义进行变形，如图16-30所示。

图16-30

提示　在进行字体设计时，注意风格的统一性，横竖笔画的粗细应保持一致。

知识点 2　字体设计案例

字体设计根据难易程度分为3个层级。最容易掌握且比较好实现的层级就是在字库字体的基础上进行修改。第二个层级就是根据字库字体的框架重新绘制笔画。更高的层级就是创建字体，这是最难的层级，需要设计师具备丰富的设计经验和良好的审美能力。对于初学者来说，直接在字库字体的基础上进行字体设计，是比较容易掌握的设计方法。除了对文字外形进行修改之外，还可以通过图层样式等进行特殊效果的字体设计。接下来，结合两个字体设计案例，讲解字体设计的技巧。第一个案例，采用字库造字法，第二个案例采用玻璃质感设计法。

【案例1】"长征行"金属字体设计

最终效果如图16-31所示，案例所用素材如图16-32所示。

图16-31   背景   星光   火星   金属材质   火焰   高光   图16-32

1. 搭建背景

新建一个尺寸为1920×1920像素、分辨率为72像素/英寸的文档。给画布填充暗色，置入背景素材并添加图层蒙版，使用黑色画笔工具编辑图层蒙版，使图片与背景更加融合；添加色相/饱和度调整图层，将背景素材去色并压暗，如图16-33所示。在背景图层上方添加火焰素材，并设置图层的"混合模式"为"滤色"，营造烽火连天的氛围，效果如图16-34所示。

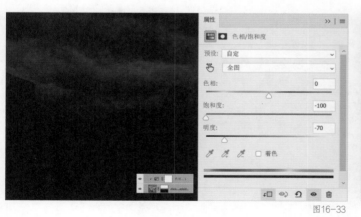

图16-33

图16-34

2. 选择字体

搭建好背景后，进入字体的设计环节。在进行设计之前，首先要分析文字的含义，不同的文字表达的意义也不同。字体主要分为无衬线和有衬线两大类。黑体字是无衬线字体的代表，字体末端没有装饰，字体细节简洁，年轻、时尚，使用广泛，多用在以年轻人为主要用户群的运动品牌的海报设计中。宋体字是有衬线字体的代表，字体末端有装饰，有细节处理，给人精致感，显得端庄大气，多用在高档品牌、女性品牌的海报设计或具有文化感和历史感的海报设计中。本案例的主题文字为"长征行"，文字内容所传达的含义可作为字体选择的依据，这里选择思源宋体的 Heavy 字体样式。

3. 进行字体设计

选择文字工具，设置字体为思源宋体的 Heavy 体，输入主题文字"长征行"并放大文字至合适大小。选择文字图层，将文字转换为形状。使用直接选择工具和钢笔工具对文字进行修改，将多余的装饰角和弧度删除，使文字更加简洁，效果如图 16-35 所示。注意，横竖调整保持一致。

设置文字颜色，给文字添加斜面和浮雕样式、内发光样式和投影样式，打造立体字效果，如图 16-36 所示。具体设置如图 16-37 所示。

图16-35

图16-36

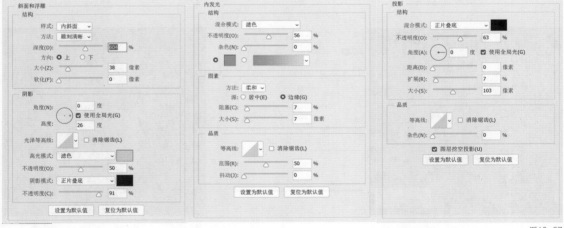

图16-37

置入金属材质素材并为下方文字图层建立剪切蒙版，将金属材质图层的"混合模式"设置为"正片叠底"，调节图层的不透明度为60%。使用画笔工具在文字图层上方添加橘色图层，设置图层的"混合模式"为"柔光"，并为下方文字图层建立剪切蒙版，为文字添加环境光。在文字受光面，使用画笔工具添加亮色调整图层，设置图层的"混合模式"为"柔光"，增强文字的明暗对比。新建图层，填充50%的灰色并设置图层的"混合模式"为"叠加"，使用减淡工具在灰色图层中沿字体亮部进行局部涂抹，打造金属效果，如图16-38所示。

图16-38

选择钢笔工具，在其属性中关闭填充，设置描边粗细为3～4像素，沿文字的几个关键位置添加描边效果，并添加图层蒙版用于制作光线过渡效果，效果如图16-39所示。置入星光素材和高光素材并设置图层的"混合模式"为"滤色"，对高光素材和星光素材可复制多层，分别沿文字结构添加发光效果，进一步提升其质感。在"长征行"下方添加辅助文字"红军不怕远征难，万水千山只等闲。"，文字颜色可与上方文字颜色相同；复制"长征行"的斜面和浮雕样式与投影样式，粘贴到下方文字上，效果如图16-40所示。

图16-39

图16-40

4. 调整氛围

将火星素材置入文档，放在文字图层上方，设置图层的"混合模式"为"滤色"；添加图层蒙版，使用画笔工具编辑图层蒙版，使火星素材与背景的过渡更自然，效果如图16-41所示。在图层上方添加曲线调整图层和色彩平衡调整图层，对整体画面进行色调统一并进一步增强画面的明暗对比。按Shift+Alt+Ctrl+E快捷键，盖印图层，并选择"滤镜"→"其他"→"高反差保留"命令，同时设置图层的"混合模式"为"叠加"，增强画面质感，如图16-42所示。

图16-41

图16-42

【案例2】"玻璃"字效设计

最终效果如图16-43所示，案例所用素材如图16-44所示。

图16-43

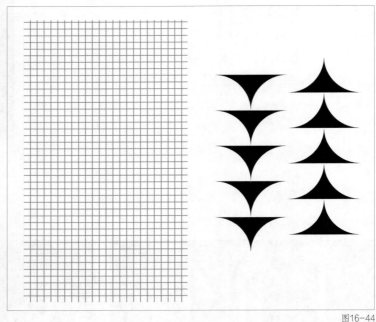

图16-44

1. 搭建背景

新建一个尺寸为1080×1920像素、分辨率为72像素/英寸的文档。在Photoshop中，新建图层并为其填充浅蓝色。使用椭圆工具绘制圆形并将其转换为智能对象。选择"滤镜"→"模糊"→"高斯模糊"命令，将该滤镜复制多次，利用颜色叠加样式为画面填充不同的颜色，实现多彩背景效果，如图16-45所示。

2. 创建标题文字，制作文字特效

选择笔画对比比较明显的衬线字体，分别创建"玻""璃"文字图层（在这里文字不仅起到识别的作用，还是画面的主视觉元素），将两个文字适当放大并进行旋转，让画面更加生动，如图16-46所示。

分别为文字添加效果，打造出玻璃质感。以"玻"字为例，将文字图层的不透明度调节为0%，为其添加斜面和浮雕样式，以塑造立体感；添加内阴影样式、光泽样式等，进一步增强文字的质感；添加投影样式，拉开文字与背景之间的距离，如图16-47所示。

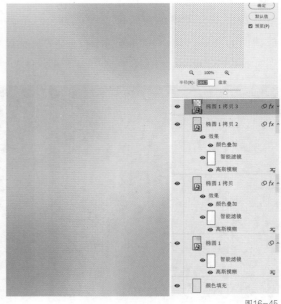

图16-45

图16-46

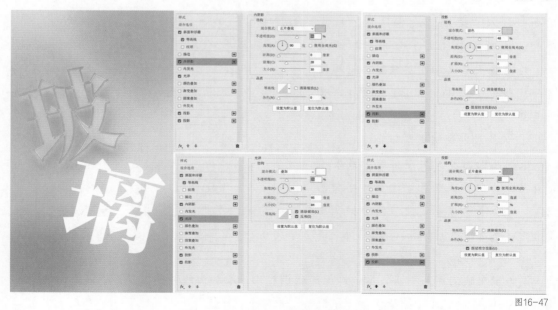

图16-47

　　复制一次文字图层，将复制的图层放在上方，同样将文字图层的不透明度调整为0%，添加斜面和浮雕样式，为文字打造光影效果，如图16-48所示。"璃"字的制作方法与"玻"字的相同，可以直接复制其图层样式，再调整颜色，如图 16-49 所示。

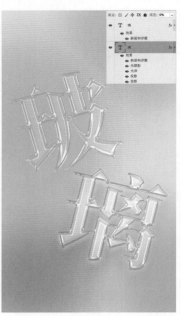

图16-48　　　　　　　　　　　　　　　　　　　　　图16-49

置入网格素材并添加颜色叠加样式，设置图层的"混合模式"为"颜色加深"，选择"智能滤镜"→"液化"命令，使文字部分的网格扭曲，以模拟玻璃的折射效果。将智能滤镜蒙版进行反向，载入"玻璃"文字选区，填充白色，使网格中仅文字部分有扭曲效果；为网格图层添加图层蒙版，将两侧进行隐藏以突出中间部分，如图 16-50 所示。

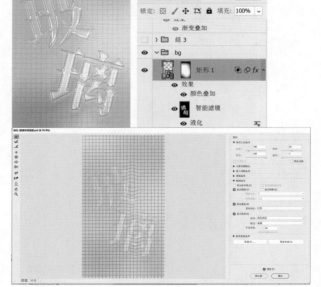

图16-50

3．添加辅助说明文字和装饰元素

根据画面布局，文字排版方式采用垂直居中，配合画面色调进行文字颜色设置。添加箭头素材、波浪线素材及星星素材，丰富画面，如图 16-51 所示。

4．整体调色

添加渐变映射调整图层，增强画面的色调对比；添加曲线调整图层，增强画面的明暗对比。按 Shift+Alt+Ctrl+E 快捷键，盖印图层，并选择"滤镜"→"其他"→"高反差保留"命令，将盖印图层的"混合模式"设置为"线性光"，增强画面质感，如图 16-52 所示。

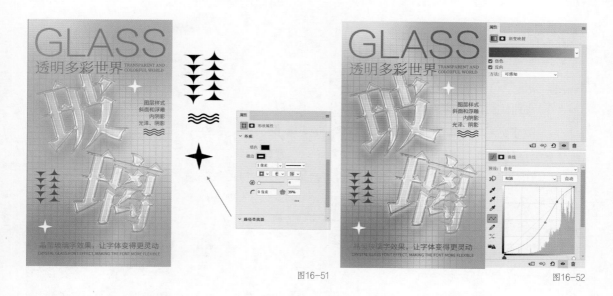

图16-51   图16-52

    设计的构成元素是图片、文字、形状、色彩，设计师学习软件的目的是更好地运用这些元素表达自己的设计思想。想要成为一名优秀的设计师，就要不断地提升自己的审美，并善于总结和借鉴。

练习题

1. 选择题

（1）海报设计的流程主要包括（　　　）。

A. 需求分析　　　B. 竞品分析　　C. 绘制草图　　D. 软件制作

（2）下列哪项不属于文字的设计方法？（　　　）

A. 切割法　　　　B. 共用借型　　C. 替换法　　　D. 象形法

参考答案：（1）A、B、C、D；（2）A。

2. 操作题

使用本课提供的素材（见图16-53）制作餐饮海报，进行综合练习，参考效果如图16-54所示。

海报尺寸是1080×1920像素。

分辨率是72像素/英寸。

颜色模式是RGB颜色模式

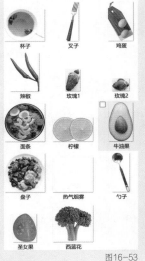

图16-53

图16-54

操作提示

步骤1　搭建背景，利用渐变填充最下层背景；使用形状工具搭建细节，分块模拟桌面效果，并在背景上层添加杂色效果来增强质感。

步骤2　添加面条主视觉元素，确定主色调并添加阴影效果。阴影效果可进行多次添加，使其有层次感。

步骤3　其他元素的调整思路都是一样的，先调整色调（与整体色调保持一致），添加阴影效果时，保持受光方向一致，再进行其他调整。

步骤4　左上方元素处于光线最亮的部分，在进行元素添加时注意增加亮度。

步骤5　突出主标题，注意层级关系，利用色块突出优惠活动。

步骤6　使用曲线调整图层和色彩平衡调整图层统一调整画面色调。盖印图层，为盖印图层添加高反差保留滤镜效果，增强画面质感。